KAWABE Toshio
河辺俊雄
【著】

人類進化概論

地球環境の変化と
エコ人類学

Introduction to HUMAN EVOLUTION
Global Environment Change and Ecological Anthropology

東京大学出版会

Introduction to Human Evolution:
Global Environment Change and Ecological Anthropology
Toshio KAWABE
University of Tokyo Press, 2019
ISBN978-4-13-052303-5

はじめに

　人類の起源と進化に関する，研究の進展は著しい．
　愛称で呼ばれる化石人骨のトゥーマイやアルディ，そしてルーシーは近年の大発見である．
　トゥーマイは最古の人類化石であり，人類の起源はおよそ700万年前まで遡ることとなった．アフリカ，チャドのジュラブ砂漠で，ほぼ完全な頭骨が発見されたが，ひどくつぶれた状態であった．直立二足歩行の成立が人類かどうかの判断基準であり，トゥーマイはそれが疑われたが，CTスキャンを撮ってコンピュータ解析し，3次元モデル化によって歪みを補正する最新技術によって復元され，人類であることが明らかになった．
　アルディは約440万年前の化石人骨で，100点以上の破片として出土した．10年以上の歳月をかけて，この化石人骨の破片をつなぎ合わせ，ほぼ全身の骨格を復元した．直立二足歩行してはいたが，足の親指は外に開いており，枝をつかみやすい形状をしている．地上を歩くだけではなく，夜には樹上ベッドを使うような生活が推測されている．
　ルーシーは370-300万年前の保存状態の良い化石人骨で，まれにしか発見されない貴重な骨盤や脚の形態から，直立二足歩行をしていたことがわかった．全身骨格が復元され，体の大きさや体型，性別なども明らかになった．骨盤の形状から，出産と頭の大きさについても研究可能となっている．
　他の多くの化石人骨も，地道な遺跡発掘の上に幸運に恵まれた大発見であるとともに，時間をかけた粘り強い研究の成果である．1868年にクロマニョン人の化石人骨が発見されて以降，膨大な数の発掘資料や情報が蓄積されてきた．人類進化のそれぞれの段階で，体の大きさや体型が明らかになり，とくに頭部については脳の大きさや形がわかってきた．脳容積は類人猿と同程度の400-500 cm^3 から3倍の大きさにまで拡大しているが，データがかなり充実したことで，脳拡大の経緯を検討することが可能となっている．化石人骨の資料が増

えたことで，人類の一員として分類される種の数は 20 を超えるようになり，それぞれの種を出現順に並べて線で結び，系譜関係を示すのは困難になってきた．

　関連領域である地球科学の研究も大きく変化し，進展している．対象を細分化する物理学や化学の手法を取り入れ，統合化することにより，プレート・テクトニクスとして発展し，人類進化の背景である地球環境の変化が明らかになってきた．約 250 万年前に氷河期が始まり，アフリカ大陸の乾燥化と森林減少によって人類の生息環境が大きく変わった．脳容積が 2 倍の大きさに拡大したのは，このような背景の中で起こった大進化である．地球環境の変化を重視するのが本書の特徴であり，自然人類学や文化人類学とは異なる，エコ人類学（生態学主体の人類学）の視点を目指すものである．

　また，霊長類研究も充実してきており，長期にわたるフィールドワークの成果に，日本人研究者が大きく貢献している．霊長類の共通の特徴は，森林環境における樹上生活によるものであり，人類も同じ特徴を有している．ただし，人類には直立二足歩行に関連した特徴が加わっている．類人猿については，ゴリラやチンパンジー，ボノボの生態や社会が明らかにされ，道具使用や潜在的な言語能力などは知能の高さを示している．

　一方，遺伝子研究が 1980 年代から急速に発展し，DNA 解析の技術が飛躍的に進歩した．DNA の配列分析が現代人だけではなく，数万年以上前の化石資料にも応用され，絶滅したネアンデルタールのゲノム解析も始まっている．年代測定やデータ解析の技術も向上し精密化して，人類の進化研究は新たな段階を迎えた．

　このような諸研究の進展状況は，本書の構成を決める上で大きな要素となっている．先にも述べたように，それぞれの種を出現順に並べることは難しくなっているが，人類進化を大きくとらえるため，進化段階（猿人，原人，旧人，新人）にしたがって，進化の流れを中心に置きつつ，地球環境や霊長類の進化，直立二足歩行そして脳拡大の章に分けた．

　本書は，大学初年次クラスの自然人類学のテキストとしてまとめたものであり，人類進化 700 万年の歴史をたどるものである．現在でも世界中で新たな化石人骨や遺物が発見されているが，この分野に初めてふれる読者のために，基

礎にしぼって，全体を俯瞰する．本書によって，多くの方が人類の起源と進化に興味を持っていただければ幸いである．最後に，章の構成や編集で，ご助力いただいた東京大学出版会の丹内利香さんに深く感謝する．

目　次

はじめに　iii

序章　人類はどのように進化してきたか……………………………1

1　地球環境と人類の進化……………………………………………8
1.1　生命とは何か　8
1.2　生命の歴史　9
1.3　地球環境の変化　13
1.4　氷期・間氷期サイクル　20

2　霊長類の進化………………………………………………………27
2.1　霊長類の特徴　27
2.2　霊長類の起源　29
2.3　現生の霊長類　32
2.4　霊長類の社会　38
2.5　類人猿の道具使用と言語能力　44
2.6　類人猿とヒトの系統の分岐　47

3　直立二足歩行………………………………………………………50
3.1　直立二足歩行とは　50
3.2　直立二足歩行の利点と欠点　51
3.3　直立二足歩行による身体的変化　52
3.4　直立二足歩行の起源　54
3.5　直立二足歩行の起源仮説　60
3.6　直立二足歩行の環境要因　64
3.7　直立二足歩行の人類生態学　66

4 初期猿人 …………………………………………………………… 71

    4.1 初期猿人の分類と特徴　71

    4.2 サヘラントロプス・チャデンシス　73

    4.3 オロリン・トゥゲネンシス　75

    4.4 アルディピテクス・カダバ　76

    4.5 アルディピテクス・ラミダス　77

5 猿人 ………………………………………………………………… 80

    5.1 華奢型猿人と頑丈型猿人　80

    5.2 アウストラロピテクス　84

    5.3 アウストラロピテクスの特徴　85

    5.4 アウストラロピテクス・アナメンシス　86

    5.5 アウストラロピテクス・アファレンシス　88

    5.6 アウストラロピテクス・アフリカヌス　90

    5.7 アウストラロピテクス・ガルヒ　92

    5.8 パラントロプス・エチオピクス　93

    5.9 パラントロプス・ボイセイ　94

    5.10 パラントロプス・ロブストス　95

6 ホモ属 ……………………………………………………………… 97

    6.1 ホモ属　97

    6.2 ホモ属の起源　100

    6.3 ホモ・ハビリスとホモ・ルドルフェンシス　100

    6.4 ホモ・ナレディ　102

7 原人 ………………………………………………………………… 103

    7.1 初期のホモ・エレクトス　103

    7.2 原人の特徴　105

    7.3 ホモ・エレクトス　107

    7.4 ホモ・フロレシエンシス　108

8 旧人 ………………………………………………………………… 110

    8.1 旧人の寒冷適応　110

   8.2　ホモ・ハイデルベルゲンシス　112
   8.3　ホモ・ネアンデルタレンシス　114
   8.4　ネアンデルタールの食事　115
   8.5　ネアンデルタールの知性　117
   8.6　ネアンデルタールの絶滅　119

9　新人　121

   9.1　新人の起源と特徴　121
   9.2　ホモ・サピエンス　122
   9.3　デニソワ人　124
   9.4　ホモ・サピエンスの進化の特徴　126

10　ホモ・サピエンスの世界拡散　133

   10.1　ホモ・サピエンスの移住と拡散　133
   10.2　アフリカからユーラシアへ　135
   10.3　インドや南アジアへの移動　137
   10.4　オセアニアへの拡散　137
   10.5　ヨーロッパへの移動　139
   10.6　アジアの東端に到達　140
   10.7　アメリカ大陸へ渡る　142

11　定住と農耕　144

   11.1　定住生活　144
   11.2　農耕の開始　146
   11.3　農耕の起源と伝播　147

12　文化的適応（石器・考古学遺物）　156

   12.1　石器時代区分　156
   12.2　前期旧石器時代　156
   12.3　アシュール文化　159
   12.4　前期旧石器時代の生活　161
   12.5　中期旧石器時代　162
   12.6　中期旧石器時代の生活　163
   12.7　後期旧石器時代　165

12.8　中石器時代　170
　　12.9　食糧生産革命　170

13　脳の進化 …………………………………………………… 173

　　13.1　人類の脳拡大　173
　　13.2　生物進化における脳の拡大　175
　　13.3　脳拡大の推移　176
　　13.4　脳の構造と機能　179
　　13.5　ニューロン（神経細胞）　182
　　13.6　脳拡大の原因　183
　　13.7　出産の進化　184

付表・付図　188
引用文献　191
参考文献　195
索　引　201

序章　人類はどのように進化してきたか

　人類が誕生したのはおよそ700万年前のことである．その後，人類は大きく変化する地球環境に適応しながら独自の進化を遂げた．この間，大陸は位置や形を変え，寒冷化の気候のなかで氷河期が到来した．周期的に氷期と間氷期を繰り返し，気温や降水量によって決まるバイオームも変貌した．人類は環境の大きな変化に適応しながら，類人猿（ゴリラやチンパンジーなどヒトと似た形態をもつ大型と中型の霊長類の通称）との共通の祖先から分かれて大きく進化した．人類の進化的特性は何によっているのであろうか．その答えは，ヒトの学名，「ホモ・サピエンス」（$Homo\ sapiens$）に示されており，「賢いヒト」という意味である．人類は「賢さ」によって環境に適応し進化してきた．脳容積の拡大，とくに大脳新皮質の発達により，地球上に現れたあらゆる動物のなかでもっとも知能が高くなった．さまざまな自然環境に巧みに適応するために，石器をはじめつぎつぎと新しい生活技術をつくりだし，自然を改変しながら，人口は急激に増加した．

　本書では，およそ700万年前の人類の起源から現在に至るまでの人類の進化を概観する．化石人骨にもとづいて，人類の起源や進化の過程を解明し，「人間とは何か」（人類の本質）というテーマについて，生物としてのヒトの特徴を明らかにする．ヒトの際だった特徴は，類人猿の3倍の大きさの脳を持ち，直立二足歩行をすることである．人類の進化を，猿人，原人，旧人，新人の4つの段階に分けて，化石人骨による系統進化をとらえることにする．人類進化研究の初期には，この4段階の順に人類は出現して衰退し，入れ替わって進化したと考えられていたが，発見される化石人骨が増えるにしたがい，明瞭な区別は難しくなり，科学的な根拠に乏しくなった．とはいえ，人類進化を大きく俯

瞰して，進化の特徴を把握するには便利な概念なので，本書ではこれらの段階にしたがって，順にみていくことにする．

人類進化の背景となるのは地球環境の変化で，アフリカ大陸の乾燥化と森林減少，そして氷河期の始まりが人類の生息環境を大きく変えた．本書では，1章でこれらを詳細に説明した後，生態学的（エコロジカル）な視点から霊長類の進化を論述する（2章）．そして人類の起源に関して，直立二足歩行の視点から詳細に検討する（3章）．化石人骨に基づく人類の進化の詳細は 4-9 章で詳述する．なお，猿人については初期猿人と猿人に分けてあつかい，ホモ属は独立した章として詳述する．新人については，世界拡散について地域に分けて具体的に説明し（10章），拡散後の定住と農耕の開始という革命的進歩について検討する（11章）．

石器や考古学遺物は各章で進化段階に応じて製作・使用されたものについて解説しているが，全体像を理解しやすくするため，12 章で文化的適応としてまとめる．最後の章では，人類進化の本質である，脳拡大のテーマを掘り下げた．人類進化の過程で 3 倍の大きさに拡大した脳について，各進化段階での変化と拡大要因を推測した．また，進化段階の区別を離れ，脳拡大の全過程を俯瞰すると，脳拡大はリニア（直線的）ではなくエクスポネンシャル（指数関数的）に増加することを示す．

以下に各章の内容を要約してまとめる．

1 章では地球環境の変化と生物の進化を大きくとらえる．古生代・中生代・新生代における CO_2 や O_2 の変化，そして気候の温暖化と寒冷化を示す．新生代を通しての地球全体の気温の推移は，始新世の温暖期のピーク（5,000 万年前）以降，寒冷化し，その傾向は現在まで続いている．植物相としては被子植物が優勢となり，動物相としては哺乳動物が繁栄する現在の地球の生物相となった．

プレートテクトニクスによる海陸分布の変化によって，大陸においては大気や海洋循環系が変化し，南北の熱輸送効率が変化した．大気の CO_2 濃度が低下したことによって，雪氷面積や植生が変化し，地球規模での寒冷化が進行した．第三紀を通したこのような地球全体の気候の寒冷化は，第四紀の氷期サイクルの出現の条件として重要となる．人類の進化は，まさにこのような第四紀の寒冷化のなかで進んだ．

2章では霊長類の進化をあつかう．新生代になり，かつて爬虫類が占めていた生態的地位を哺乳類が獲得するなかで，巨大な森林環境に進出したのが霊長類である．霊長類は，森林の中を素早く動きまわり，樹上生活という適応をなしとげた．枝から枝へと高速で移動することで脳が発達し，霊長類に「賢さ」をもたらした．霊長類に共通する特徴は，「賢さ」をもたらす大脳の発達のほか，視覚の発達や手の操作能力の向上にもみられる．樹上は大型の肉食獣や猛禽類の攻撃を受けにくい安全な環境にあるため，一仔産で成長期間の長期化を可能にした．また，脳の発達により学習能力や記憶力が向上し，複雑な行動や社会生活をもたらした．類人猿については，人類との共通祖先について，社会や道具使用，言語能力などを論述する．

　直立二足歩行について，生態学（エコロジー）の視点から考察するのが本書の特徴である．3章では，人類の起源についてさまざまな理論を紹介し，直立二足歩行の利点と欠点を論じる．地球が寒冷化すると降水量が減少し，熱帯雨林が縮小してサバンナ（熱帯草原）が拡大する．アフリカにおけるサバンナの出現と広がりは，直立歩行する人類へと進化する主要因と考えられる．さらに，人類生態学的視点を加えると，直立二足歩行により，自由に両手を使うことができるようになり，子育てに有利である．肉食獣の危険にさらされるサバンナでの生活の多くの場面で，子どもを無事に育てることが有利に働けば，乳幼児死亡率の上昇を抑え，人口増加率の低下を防ぎ，人口が安定する．

　4-9章では人類の進化を詳述する．人類は，約700万年前，アフリカで類人猿と分かれて独自の系統への進化を始めた．

　猿人が絶滅するのは100万年前であり，猿人段階の期間は非常に長い．そこで，猿人を3段階に分けてみていくことにする．近年，人類進化の始まりに関して，新たな発見が増えてきた．これらを初期猿人としてとらえ，人類が誕生した要因を考えることにする．次は狭義の猿人であるアウストラロピテクス属のグループで，形態特徴から華奢型と表現されている．その後の猿人は，頑丈型に変化したパラントロプス属のグループである．出現順にこの3段階の猿人を，初期猿人，華奢型猿人，頑丈型猿人としてまとめることにする．ただし，一般に華奢型猿人という表現が使われることは少ないので，本書でもアウストラロピテクスを使用し，頑丈型猿人と対比する場合には華奢型猿人を使う．

人類の進化史は以下のような5段階に分けられる（図0-1，巻末の付表）．

1) 初期猿人

初期猿人の姿は不明な点が多かったが，約450万年前の初期猿人であるアルディピテクス・ラミダスの姿が明らかになってきた．彼らは森で主に果物を食べて暮らしていた．把握力のある手足で木に登り樹上生活をするとともに，腰を伸ばして地上を直立二足歩行することもあった．脳容積は300-350 cm^{3}で，類人猿のチンパンジーやボノボと同じくらいだった．

2) 猿人

約400万年前以降，アウストラロピテクスなどの猿人は，開けた疎林から草原の環境で生活するようになり，やがて，疎林への依存を減らして，草原への適応を発達させていった．骨盤は幅広く，腹部内臓を支持し下肢の筋肉が発達し，直立二足歩行の能力が飛躍的に高まった．手は，拇指対向性（おやゆびが他の4本の指と向かいあう配置で，枝を握るのに適する）により把握力が発達し，棒などをしっかりと握ることができるようになった．足は，アーチ構造がほぼ完成したが，脚全体は短かった．乾燥した草原で得られる硬い豆や草の根などを噛むために，臼歯が大きくなり，歯のエナメル質が厚くなった．ただし，脳容積はほとんど増加することなく，顎は突出していた．

3) 原人

約220万年前，猿人の一部は原始的な石器を使って，死んだ動物の肉を切り取り，骨を割って中の骨髄を食べるようになった．猿人から過渡期的なホモ・ハビリスを経て，原人（ホモ・エレクトスなど）へと進化した．原人は，狩猟活動によって草原環境に適応し，生活域を広げていった．鋭い石器や火を使うようになり，歯が退化し，顎の突出も弱くなった．脳容積が500-900 cm^{3}に増加し，脚全体も長くなって，直立二足歩行は完成した．約180万年前以降，原人はアフリカからユーラシアの熱帯・温帯地域に拡散した．アジアでは，ジャワ原人や北京原人が発見されており，脳容積は900-1,200 cm^{3}に増加した．

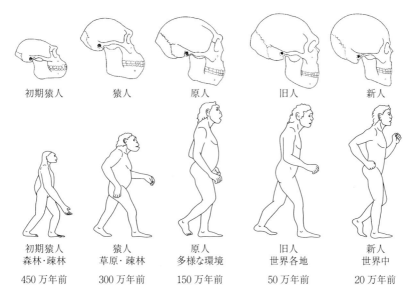

図 0-1 人類進化の5段階における頭骨と歩行．脳が3倍に拡大し，直立二足歩行の能力が発達し，身長が高くなる（ピガン，2017 などにより作図）

4）旧人

約50万年前，アフリカでは原人からホモ・ハイデルベルゲンシスなどの旧人に進化し，やがてユーラシアに拡散した．旧人は，体の大きさや体型は原人とほとんど同じだが，脳容積が 1,100-1,500 cm^3 に大きくなり，洗練された石器を使い，北方の亜寒帯にまで進出した．旧人のなかで，ホモ・ネアンデルタレンシスはヨーロッパで発展し寒冷適応した．

5）新人

約20万年前，アフリカで旧人から進化して，新人（ホモ・サピエンス）が誕生した．ホモ・サピエンスは，脳容積は旧人よりやや小さい程度だったが，創意工夫の能力が高く，複雑な石器を製作して，多様な食物を獲得した．さらに，言語や表象的な能力が高まり，身体を装飾し，芸術を生み出すようになった．このような知性が発達したのは，大脳の発達や生活史の長期化，学習によって，環境に対する適応力が増大したためであろう．旧人までは身体的な適応が中心

だったが，新人では環境認識が高まり，技術的な手段による環境適応が重要になったと考えられる．身体は華奢になり，石器を含めた道具の進歩や火の使用によって，軟らかい食物が増えて咀嚼器が退縮した．

DNA解析の技術が向上し，古代ゲノム研究が急進展してきた．新たな段階を迎えた人類進化研究の成果をとり入れて，ホモ・サピエンスの進化の特徴を考えよう．

10章ではホモ・サピエンスがアフリカを出て世界に拡散した経緯を記す．7万年前あるいは5万年前には，アフリカ北東部にすんでいた新人の小集団が，レヴァント地方（地中海東岸地域）あるいはアラビア半島の海岸を経由してユーラシアに拡散した．このとき以降，優れた適応能力を持つ新人は，それ以前にアフリカから各地に拡がっていた原人や旧人を，短期間のうちに追い払い，あるいは滅亡させてしまうことになる．ただし，新人は旧人や原人と部分的な混血をしていたことがわかっている．

新人は，約4万年前には，ユーラシアの大部分とオーストラリアに拡がり，約15,000年前にはアメリカ大陸へ拡散して，ほぼすべての陸地にすむことになった．そして，約2,000年前に遠洋航海の技術が発達すると，太平洋諸島へ本格的に進出していった．

11章では定住と農耕についてみていく．人類は移動しながら狩猟採集生活を行ってきたが，最終氷期が終わりに近づいた頃から定住生活を始め，農耕牧畜生活へと移っていった．定住生活の開始と農耕の開始は同時に起こったのか，あるいは原因と結果の関係だったのかを検討する．農耕が始まった西アジアの発掘調査で，農耕より1,500年前に定住生活が始まっていたことが明らかにされた．他の農耕起源地でも，農耕が開始される前から定住生活が始まっていたと考えられる．農耕には，耕作準備，植えつけ，除草，収穫などに長い時間を要するので，狩猟採集民が遊動的な生活のままでは農耕を始めることはなかった．

12章は文化的適応について，石器や考古学遺物をまとめて解説する．遺跡では，化石人骨よりも，石器が多く発掘される．考古学の研究によって，石器が道具としてどのように製作され，使用されたのかを明らかにし，生活方法や

知能のレベルを推測することも可能である．また石の道具以外にも，木や角，骨，牙などの材料が用いられた．石器時代の区分は，石器の種類や製作技法で分ける．遺跡の層位やさまざまな年代測定法によって遺物の年代を推定することができる．旧石器時代は前期，中期，後期の3期に区分される．前期旧石器時代は，猿人や原人の段階，中期旧石器時代は旧人（ホモ・ハイデルベルゲンシスとホモ・ネアンデルタレンシス）段階，後期旧石器時代は新人段階にほぼ相当する．

13章では，脳の大きさが，猿人段階では類人猿程度のままで，原人で2倍，旧人以降で3倍に急激に拡大したことをみていく．巨大な脳に拡大した原因が，250万年前の氷河期の始まりと関連し，根菜や堅果食物などの硬質の食物から肉食への変化によって生じたことを解説する．脳の構造と機能やニューロン（神経細胞）については，医学・生物学の基礎知識についてまとめた．ヒトが大きな脳，そして高度な知能を得るためには代償が必要であり，出産が容易ではなく，独特の出産方法に進化したことを説明する．

なお，本書の基としたのは，『人類生態学　第2版』（東京大学出版会）の第2章である．環境と人間の関係や人口増加パターンについて，とくに指数関数曲線などは，同書の他の章も参考にされたい．

1 地球環境と人類の進化

1.1 生命とは何か

　生命は，厳密に定義するのが難しい抽象概念である．そこで，生物と物質を区別する特徴や属性などを考えてみると，「生命とは何か」に対する答えが浮かび上がってくる．生命の特徴としては，「代謝」「増殖」「細胞膜」に，「進化」を加えて4つの要素をあげることができる．代謝とは，物質が化学的に変化して古いものと新しいものが入れ替わることで，生物がものを食べることによって起こる．ものを食べて，体の構成要素を入れ替えていくことを物質代謝といい，外部から取り入れる物質によってエネルギーを得ることをエネルギー代謝と呼ぶ．人間は毎日5,000億個もの細胞が入れ替わっている（長沼，2013）．

　生命体は個体を増やすことによって次世代に受け継がれ，増殖する．単細胞生物は分裂して増殖し，ヒトを含めて多くの生き物は有性生殖によって個体数を増やし増殖する．増殖にはゲノム（遺伝情報の総体）のDNAに書き込まれた情報が必要である．地球上で知られている生物はすべて細胞膜に包まれており，細胞膜は生命の基本的な要素である．生物の細胞膜は，単なる仕切りではなく，外界の物質を選択的に出し入れする機能がある．細胞膜を通して必要な物質を取り入れ，不要な物質を排出することで，代謝が可能となる．周囲の環境ストレスも細胞膜を通して細胞内に伝達される．温度の変化，生体に影響を与える化学物質の存在，エサの有無といった情報が細胞内部に伝わることで，環境に合わせた活動が可能となる．

　生物が持つ遺伝子は次世代に受け継がれるが，突然変異によって遺伝物質は

変化する．突然変異はランダムに起こる偶然であり，目的も方向性もない．進化は，突然変異を起こした1つの個体から始まり，それが自然環境のなかで生き残りやすい性質を持っていれば，やがて新種として独立する．そこに何らかの方向性を与えるのは，環境である．環境が変われば，進化の方向が変化し，その時々の環境に適応したものが，生き残り繁栄する．さまざまな環境の変化に対して，結果的に生き残ってきたのが，現在の多様な生物である．突然変異は生物の多様性を拡大し，環境の圧力はその多様性を絞り込む役割があるといえる．生物の進化は，突然変異と環境からの圧力の両面の作用によって生じる．この単純な仕掛けによって，地球上の生物は多彩な進化を遂げてきた．目にみえないサイズの単細胞生物が，偶然の積み重ねによって，地球環境の大きな変化をくぐり抜け，私たち人間のように複雑な仕組みを持つ生物になった．

1.2 生命の歴史

　宇宙はおよそ138億年前に誕生した．そして，46億年前に地球ができてから，短期間の後（約40億年前），生命が誕生したと考えられている．直接的な証拠として，グリーンランドで，38億年前の岩石の中に，最古の生命の痕跡が確認された（鎌田，2016）．生命維持が可能となるまでに地球が冷えてから2-3億年たつと，生命が維持できる状態となり，最初の原核生物が生じた．40億年前頃に原始海洋が誕生し，生命はゆっくりと進化しはじめた．海は生命のゆりかごであり，生命誕生の後も進化の重要な場となっている．約35億年前の細菌と似た化石が発見されている（表1-1）．

　約25億年前に，原核生物から真核生物への大きな進化が起こった．真核生物には，細胞の中に遺伝物質を包み込んだ核があり，さらに光合成を行う葉緑体や酸素呼吸を行うミトコンドリアなどの細胞小器官がある．このような細胞の形態によって，新しい増殖様式が可能となり，性が生まれた．性によって，集団内の遺伝的変異が増大し，生物の進化と多様化が進んだ．その後，生命は単細胞生物として，海の中だけに存在していたが，8億年前に多細胞生物が出現し，次の主要な進化段階へと進んだ．5.4億年前に，「カンブリア紀の爆発」と呼ばれる大きな変化が起こり，分類学の「門」（後述）にあたるほとんどの生

表1-1 地質時代と生物進化

年前	代	紀	世	生物界		人類進化
1万		第四紀	完新世			原人・旧人・新人
260万			更新世			猿人
530万		新第三紀	鮮新世			
2,300万			中新世		肉食獣	人類・類人猿
3,390万		古第三紀	漸新世			真猿類
5,600万			始新世			原猿類
6,600万	新生代		暁新世	被子植物	哺乳類	
2.5億	中生代	白亜紀	恐竜絶滅		恐竜	霊長類
		ジュラ紀		裸子植物	爬虫類・鳥類	
		トリアス紀(三畳紀)	生物の大量絶滅			
		ペルム紀(二畳紀)	生物の大量絶滅		両生類・昆虫	
		石炭紀				
		デボン紀	生物の大量絶滅	シダ植物		
		シルル紀	オゾン層の形成		魚類	
		オルドビス紀	生物の大量絶滅			
5.4億	古生代	カンブリア紀	生物の爆発的増加	藻類・菌類	無脊椎動物	
25億	原生代		地球氷結3回	真核生物		
40億	始生代		光合成生物	原核生物		
48億	冥王代			無生物		

物が生じた（1.3節参照）．現在までに多くの門は滅んでしまったが，30ほどの門の生物は現存している．このとき新しく誕生した種は，生存競争なしにどんどんと，空白だった生態的地位を得ることとなった（レヴィン，1988）．古生代前期（カンブリア紀・オルドビス紀）には，床板サンゴ，三葉虫，筆石，海サンゴなどが栄え，古生代の中頃（シルル紀・デボン紀）においては，四射サンゴ，紡錘虫，原始的な魚類が繁栄した．これらは古生代末期にほとんど滅亡し，中生代になって新しい動物群がとって代わった（図1-1）．

カンブリア紀の後，生物の大量絶滅が5度（オルドビス紀末，デボン紀末，ペルム紀末，トリアス紀末，白亜紀末）起こった．白亜紀末に起こった大量絶滅は6,600万年頃，直径約10-15 kmの小惑星が地球に衝突してメキシコのユカタン半島に落下し，衝突の衝撃で巻き上げられた塵埃が太陽の光を遮り，全地球規模の気温低下を引き起こしたことによると考えられている（隕石説）．恐竜などを含めて，すべての生物種の70%が絶滅した．

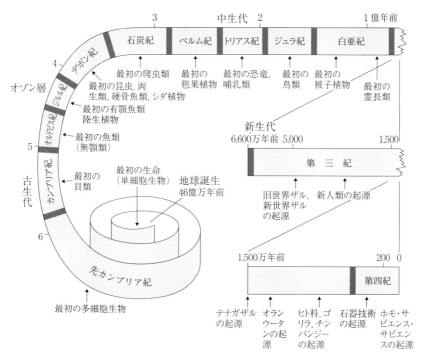

図 1-1 生命の歴史（Lewin, 1984 を改変）

　約4億年前まで，陸上には生物が存在しなかったが，植物，菌類，無脊椎動物，そして脊椎動物が陸に上がるようになった．最初の陸生脊椎動物である両生類は，卵が乾燥に弱いため，水の近くで生息しなければならなかった．3億年前頃，頑丈な殻に覆われた羊膜卵が登場し，両生類の子孫，つまり爬虫類が水への依存から解放され，陸上生活が完成した．3億年前から6,600万年前までは爬虫類の時代で，2つの明らかな進化的変化があった．最初の大きな変化は，2億年前に起こった多様性に富んだ哺乳類型爬虫類の出現である．大小さまざま，草食・肉食の哺乳類型爬虫類が，陸生脊椎動物の世界を占めた．しかし2億年前に，同じように栄えたもう1つの爬虫類である恐竜の出現によって衰退していった（レウィン，1988）．

　恐竜は6,600万年前に絶滅した．これは「白亜紀の絶滅」と呼ばれている．先にも述べたように，6,600万年前頃小惑星が地球に衝突したという証拠も見

つかり，これがとどめの一撃を加えたのかもしれないが，おそらくは気候の変化が恐竜絶滅の主要因であったのだろう．

「白亜紀の絶滅」以前には，ネコより小さな脊椎動物の種はほとんどいなかったが，逆に絶滅後は，ネコより大きい種は事実上いなくなった．爬虫類の時代から哺乳類の時代へと生物の世界は劇的に変化した．哺乳類は哺乳類型爬虫類の子孫である．しかし，哺乳類の数が増え，大型動物が生態的地位の大部分を占め始めたのは，恐竜絶滅後である．哺乳類は恐竜のように巨大にはならなかったが，陸生哺乳類の多くは，小型だった祖先に比べればかなりの大きさに達した．この哺乳類の進化の長い道のりは，生命の歴史を通じて繰り返される共通のパターンである（レウィン，1988）．

ヒトが属する目である霊長類は，白亜紀の絶滅が起こったときには，すでに存在していた可能性がある．それらは小型で樹上生活をし，夜行性で昆虫食であった．樹上生活によって，手の操作能力の向上や視覚の発達，高度の社会性といった特性が霊長類に備わった．最初の霊長類，つまり原猿類は，約5,000万年前に新世界ザルと旧世界ザルに分かれた．類人猿は約2,000万年前，旧世界の熱帯地方に現れ，現生のサルと同様に多くの種があり，繁栄した．2,000万年前から全球的に気候が悪化し，多くの霊長類の種が絶滅した．しかし，1,000万年前から500万年前までの間に，霊長類のなかから，現在のゴリラとチンパンジーの祖先にあたる種が，他方で現在のヒトの祖先にあたる種がそれぞれ分化してきた（レウィン，1988）．

生命の歴史は，絶滅の後に，爆発的な適応放散（同一の生物種がさまざまな環境に適応して，多様に分化すること）がやってくるという繰り返しである．生命の歴史が示すことは，どの種も結局は滅び去るということである．今日，地球上には約500-3,000万の種が生息している．既知の総種数は約175万種で，そのうちほとんどが昆虫（約95万種）であり，残りの多くが植物（約27万種）である．両生類と爬虫類が約8,000種，鳥類が約9,000種，そして哺乳類は約6,000種にすぎない．この約175万種というのは，これまでに生じた種全体のたった1％である（環境省編，2008）．無脊椎動物の種の平均的な「寿命」は500-1,000万年で，脊椎動物の種は，この半分以下である．化石の記録からすれば，ヒト科の種は100万年から200万年の間生きているにすぎない．

ここで，生物の分類について簡単にまとめておく．分類階級には，上位から界，門，綱，目，科，種がある．細分する場合は，上科や亜種のように，上や亜をつける．生物種には学名がつけられ，ラテン語の属名と種名で表す．ヒトの学名は *Homo sapiens*（ホモ・サピエンス）で，学名はイタリックで表記する．

1.3 地球環境の変化

地球上に生命が現れた時代や，光合成を行う生物の出現時期については，まだ未解明な部分が多い．大気中の酸素の増加は，酸素を出す光合成生物の活動によって始まった．酸素分圧（体積あたりの酸素量を表す）の変化をみると，約20-18億年前に，ほとんどゼロの状態から一挙に 10^{-3} 気圧程度にまで上昇した．これが「大酸素イベント」の時期で，酸素分圧が現在と同じ1%程度のパスツール・ポイントに達した．光合成と酸素呼吸の両方で生きる光合成植物のシアノバクテリアが現れて，大気中の酸素濃度を一挙に高めたと考えられる．大酸素イベントは，光合成活動とともに，酸素呼吸を行える真核生物の出現の条件をつくった（安成, 2018）．

海洋と大陸が形成されて以降の地球の気候は，全球的に寒冷な気候の時期（氷河時代）と温暖な気候の時期（温暖時代）が交互に出現した．氷河時代には大陸氷床（大陸を広く覆うような氷河）や広い海氷域が分布する雪氷圏があり，温暖時代では雪氷圏がまったく存在しない．原生代の初めと終わり頃に1億年前後続いたとされる2つの氷河時代の地球は，ほぼ全球が雪氷に覆われていたので，スノーボールアース（全球凍結の地球）と呼ばれる（安成, 2018）．

最後のスノーボールアースが終わった約6億年前，地球史における重要な生物進化が起こった．肉眼で確認できる最古の生物化石であるエディアガラ動物群が発見されたのである．この時期以降，さまざまな動物・植物の化石が世界中の地層から現れて，化石を中心とした生物進化と環境変化を詳細に検討できるようになった．動物群は三葉虫など硬い骨や殻を持つようになり，化石として残りやすい動物群が急激に増加した．この地質時代は，化石を通して目でみえる生物群が顕れた時代ということで顕生代という名前がつけられている．顕生代は，大きく古生代・中生代・新生代に分けられる．それぞれの「代」の境

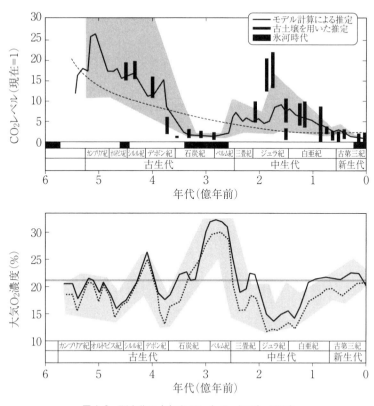

図 1-2 顕生代の大気中 CO_2 と O_2 (田近, 2011)

界では，表 1-1 のように生物群の大量絶滅が起こり，その後に次の「代」を構成する新しい生物群が出現した．生物群の進化は，気候あるいは大気・水圏系の環境変化に関連して，それまでの生物群の大量絶滅と，その後の新たな生物群の出現というかたちで不連続に進んだ．また，中生代から新生代に向かって生物群の多様性が増している．原生代については，気候システムを形成する要素（大気，海洋系と大陸分布，植生，温室効果ガスを含む大気組成など）は不明である．顕生代になってから，生物化石などによる気候・環境の復元が可能となり，気候システムの変化と生物の進化の関連が明らかになった（安成, 2018）．

古生代はカンブリア紀から始まり，生物群が爆発的に出現した．カンブリア紀には，海洋表層でも陸上でも光合成活動が活発化したため，大気中の酸素濃

度は急激に増加し，十数％から，現在の大気中の濃度とほぼ同じである20％近くになった．酸素濃度の上昇によってオゾン層が形成され，地上に到達する紫外線量を大きく減少させた．紫外線の減少により，生物の陸上進出が可能になり，動物群の多様な飛躍的進化が起こった．カンブリア紀に生物群の爆発的な進化が起こった要因の1つは，CO_2濃度の変化である（図1-2）．スノーボールアースが終わった時期に，CO_2濃度が非常に高くなり，気候も温暖となって，生物群が沿岸地域の浅い海洋で多様に進化した．顕生代が始まるこの時期，CO_2濃度は，現在の15-20倍とまだ非常に高かった．また，この時期に地軸の大移動があり，超大陸パンゲア（現在の大陸が巨大な1つの塊であったという，ウェーゲナーによって提唱された大陸）が赤道側に大きく移動し，生物群の進化を加速させた可能性もある．すなわち，顕生代の約6億年間における生命圏の進化は，大気環境（CO_2濃度とO_2濃度）の変化と地球気候の変化が関係し，プレートテクトニクスによる海洋と大陸の配置や分布の変化と関連する，と包括的に理解できる（安成，2018）．

　大気中のCO_2濃度は，顕生代を通して大きな減少傾向を示し，顕生代初期には現在の20倍程度あったが，新生代が始まる頃には2-3倍程度にまで減少する．O_2濃度は，現在とほぼ同じ20％程度の濃度で推移しているが，古生代末（石炭紀末からペルム紀）のように30％を超えるような時期と，中生代中期（ジュラ紀から白亜紀）のように15％以下に減少した時期がある．気温変化には3億年程度の周期性がみられるが，CO_2濃度のように顕著に上下する傾向はみられない．これは，太陽の進化にともない太陽放射強度が長期的に増加して気温を上昇させる働きと，CO_2濃度が減少して温室効果が弱まり気温を下げる効果が働いているためと考えられる．CO_2の長期的な減少の要因の1つは，繁茂した植物の光合成活動が活発化し，CO_2吸収効果が増加したためと考えられる．もう1つの要因は，植物が上陸して大型植物の下に土壌を形成するようになり，陸上を覆った土壌が化学的にCO_2を吸収した効果である．デボン紀以後に地上に現れた土壌の拡大は，生物のすめる空間を増やしただけでなく，環境の急激な変動を吸収する役割を果たすようになったのである（安成，2018，鎌田，2016）．

　約3億年の周期で気候や大気組成が変化するのは，地球内部のマントル対流によって引き起こされる地球表面のプレートの移動による大陸・海洋の分布変

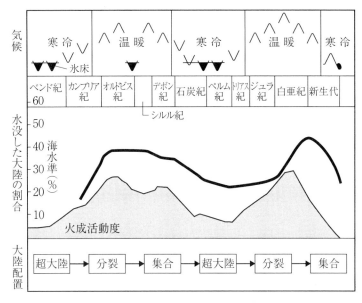

図 1-3 顕生代の気候変化と海陸分布の変化（Fischer, 1982）

化と火山活動の変化が密接に関係している．プレートテクトニクスにより，各大陸が集合して超大陸を形成した時期は火山活動が不活発で大気中への CO_2 放出は少なくなり気候は寒冷化する．逆にプレート運動が活発で大陸が分散する時期には火山活動が活発で CO_2 放出が多くなり気候は温暖化する．気候システム変化の特徴は，寒冷で大規模な氷床が存在した時期と，温暖でまったく氷床が存在しない時期が，それぞれ比較的長く安定して続き，交互に繰り返すことである（図 1-3）．地球全体の気候の温暖化と寒冷化には，プレート運動に伴う大陸の集合・分散が密接に関連している．プレート運動に関係した火山活動によって CO_2 放出量が増加し，他方で風化作用によって CO_2 が地殻内に埋没する．両者のバランスの結果として，大気中の CO_2 が増減する．大陸と海洋の分布変化によって，全球的に海流系が変化し，南北の熱輸送効率が変わるため，地球の気温が変動すると考えられる（安成，2018）．

古生代末（石炭紀からペルム紀）は，CO_2 濃度が極端に低下して酸素が増加した，寒冷期である．これは，プレートテクトニクスにより大西洋が閉じて各大

陸が合体し，超大陸パンゲアが形成されたことが原因である．石炭紀には，巨大に生長した樹木が大量に倒木し，そのまま急速に地中に埋没したため，顕著に高酸素濃度となる時期が生じた．その埋没した倒木が現在の大量の石炭層となっている．海洋では大量のプランクトンが海底に埋没・堆積して高酸化環境を促した．高濃度の酸素により巨大化した昆虫などがこの時期に出現した．

古生代と中生代の境界である 2.5 億年前に，生物が大量絶滅し，種の 90% 以上が消失した．大量絶滅の原因は，超酸素欠乏状態，つまり光合成生物の大部分が死滅するような大気・海洋系の状態が続いたことである．中生代を通じて，超大陸パンゲアは北半球のローラシア大陸と南半球のゴンドワナ大陸へと分裂し，大陸上の氷床も融け始めた．両大陸の間にはテチス海（古地中海）と呼ばれる大きな海が広がりつつあった．この時期，パンゲア大陸の分裂に関連して，大規模な火山活動が起こったため，火山灰が地球全体を覆うようになり，太陽光が遮られ大部分の光合成生物が活動を止めた．海洋では光合成するプランクトンの死滅によって低酸素状態となり，硫化水素が大量発生し，海洋も大気でも硫化水素濃度が急上昇した．このため，生物の多くは死滅したと推定されている．

顕生代には，生物群の大量絶滅が数回起こっているが，それはプレートテクトニクスによる海陸分布変化に伴う急激な気候変化が基本的な原因となっている．それぞれの気候と環境に物理化学的に適応・進化した生物群は，その環境を持続させるように，気候と相互作用し生態系をつくっている．このような系は，外からの大きな気候変化や急激なプレートテクトニクスの変化にはむしろ脆弱であり，大量絶滅が起きると考えられる．一方，大量絶滅は，新しい気候・環境とこれまでの生物群がいなくなった生態的地位を生かして，それまでとは異なる生物群を進化させる好機となっている．

白亜紀は，全球的な温暖気候で北極に氷雪はなく，平均気温は現在よりも 10℃ 前後高かった．北極域周辺にも亜熱帯の植物群が分布していた．ただし，大気も海洋も酸素濃度は低く，生命にとっては過酷な環境であり，生物は低酸素状態に適応進化した．この時代の巨大化した恐竜も，低酸素大気の下での進化の結果と考えられる．この温暖気候をもたらした要因は，現在よりも 4-6 倍高い CO_2 濃度による温室効果である（安成，2018）．

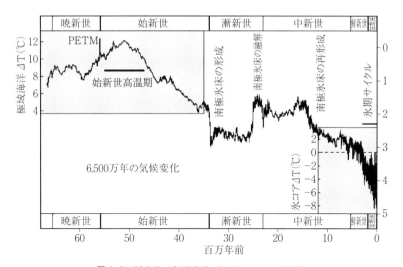

図 1-4 新生代の気温変化（Zachos *et al.*, 2008）
(http://www.newworldencyclopedia.org/entry/Paleogene)
PETM：暁新世 - 始新世境界温暖化極大イベント．海水の酸素同位体は ^{16}O（軽い水）と少量の ^{18}O（重い水）で構成されている．氷期の海水は重い水が多くなり，酸素同位体比（$^{18}O/^{16}O$）は大きくなる．

先にも述べたように，恐竜が大繁栄した白亜紀は，小惑星の衝突という地球外からの影響により，突然終止符を打ち，地質学的には新生代となった．新生代を通しての，全球の気温の推移を示す図 1-4 は，6,600 万年から現在に至る，全球の平均気温の変化を海水の酸素同位体比変化で推定した図である．地球は 4,000 万年前頃まで暖かい気候が続いた．とくに，暁新世・始新世の境界は異常に気温が高い気候の時期が約 20 万年続き，平均気温は現在より 10℃ 以上も高く，北極域でも現在の亜熱帯系の植物が繁茂していた．その原因としては，火山活動などによる CO_2 の大量放出に加え，海洋底にあるメタンハイドレートが融け，メタン（CH_4）が大量に放出したとする説や，北大西洋を主とする海底火山活動による大量の CO_2 放出によるという説などがある．この時期に，3,000-1 万 2,000 ギガトン（1 ギガ = 10^9）の炭素が海洋から大気に放出されたと推定されているが，19 世紀以降の人類活動による炭素放出量も，これに匹敵する量になっており，現在の地球温暖化問題に大きな示唆を与える（安成，2018）．

始新世の温暖期のピーク（5,000 万年前）以降，地球の気候は寒冷化し，その

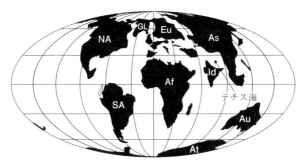

図1-5 中期始新世の古地理図（京都大学霊長類研究所，2007）
Af：アフリカ大陸，As：アジア大陸，At：南極大陸，Au：オーストラリア大陸，Eu：ヨーロッパ，GL：グリーンランド，Id：インド大陸，NA：北米大陸，SA：南米大陸．

傾向は現在まで続いている．植物群としては被子植物が拡大し，動物群としては哺乳動物が繁栄する現在の地球の生物相となった．海陸分布は，新生代初めは白亜紀の状態に近く，どの大陸にも赤道直下に熱帯雨林があった．南米大陸は，現在のパナマ地峡付近がまだ海であり，北米大陸とは切り離されていた．アフリカ大陸もテチス海によりユーラシア大陸とは切り離されていたため（図1-5），環赤道海流が存在しており，熱帯林や亜熱帯林が赤道から亜熱帯まで広範に拡がっていた．しかし，新生代中頃（2,000万年前）になると，テチス海は閉じて，アフリカ大陸とユーラシア大陸がつながり，環赤道海流は消滅し，両大陸のあいだには亜熱帯の乾燥・半乾燥地域が拡がった（安成，2018）．

4,000-3,000万年前の気温の推移には，南極大陸の分離に伴う南極域の寒冷化と南極氷床の形成にともなう変化が影響している．南極大陸が南米大陸・オーストラリア大陸と分離して極域に移動したことにより，極の周りに海流が形成され，中緯度から極域への熱輸送が大きく阻害され，南極大陸では氷床形成が始まった．南極氷床の形成は地球全体の寒冷化に大きく寄与したと推定される（安成，2018）．

1,500万年前の中新世中期頃から新生代のもっとも新しい地質時代区分である第四紀（1.4節参照）を通じ，現在に至る急激な寒冷化が進んだ．これにはヒマラヤ・チベット山塊の隆起とモンスーン気候の強化が大きく関与している．熱帯・亜熱帯にまたがるヒマラヤ・チベット山塊の著しい隆起は，モンスーン

を強化して，斜面での雨や河川水による激しい風化・侵食を引き起こす．岩石の主成分であるケイ酸塩は，大気中の CO_2 を取り込み，炭酸カルシウムとケイ酸を生成して水に流し込むため，山岳の隆起は地球大気の CO_2 濃度を減少させた（安成，2018）．

プレートテクトニクスによる海陸分布の変化によって，大陸においては大気や海洋循環系が変化し，南北の熱輸送効率が変化した．また，山岳地形の形成により風化が進み，大気の CO_2 濃度が低下して，雪氷面積や植生が変化した．このような変化が合わさって，地球規模での寒冷化が進行したのであろう．古第三紀から新第三紀を通したこのような地球全体の気候の寒冷化は，第四紀の氷期サイクルの出現の条件として重要となる．人類の進化は，まさにこのような第四紀の寒冷化のなかで進んだのである（安成，2018）．

1.4　氷期・間氷期サイクル

第四紀とは，地球史のなかでもっとも新しい時代で，人類が出現し爆発的な進化を開始した時代である．第四紀の始まりは260万年前で，先にも述べたように，この時期は全球的に気候が寒冷化している．

図1-6は海底堆積物から復元した，550万年前以降の地球の平均気温の推移である．500万年前頃は温暖で，地球上のどこにも，南極や北極にさえも，氷河は存在していなかった．およそ300万年前頃から徐々に寒冷化が進行し，周期的に寒い時代が到来するようになった．氷河時代の始まりであり，氷期と間氷期（相対的に氷海が縮少）はある期間を置いて繰り返してきた．第四紀の氷河時代には，ギュンツ，ミンデル，リス，ヴュルムと呼ばれる4つの氷期が存在した．約250万年前から気温の低下傾向が強まり，寒冷化と連動して気温の不安定性も同時に増し，上下の変動幅が大きくなった．550-250万年前は，2-3万年周期で振幅も小さかったが，第四紀前半の250-100万年前には4.1万年周期，そして100万年前以降現在までは10万年周期となり，振幅も大きくなっている．

このような氷河期の気候周期が現れる原因には未解明の部分も多く残っているが，地球と太陽の位置関係が変化したことと，ヒマラヤ山脈が隆起したこと

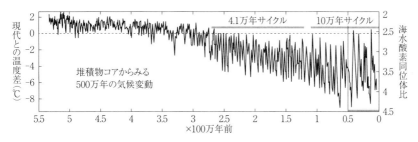

図 1-6 550 万年前以降の平均気温の推移（海底堆積物から復元）(Lisiecki and Raymo, 2005)

が重要だと考えられている．氷河期の気候が変動する仕組みは，地球と太陽および惑星間の引力で生じる地球の軌道が複雑に変化することが基本のメカニズムである．公転運動の特性を決める3要素（公転離心率，軌道傾斜角，歳差の周期的運動）によって，地球表面への日射量の季節変化と緯度分布が複雑に変動する．この変動は1940年代に提唱したミランコビッチ (M. Milankovitch) の名前にちなんで，ミランコビッチ・サイクルと呼ばれる（安成，2018）．

第四紀が寒冷な氷河時代に突入したきっかけは，ヒマラヤ・チベット山塊の隆起に伴う風化・侵食による大気中のCO_2濃度減少と寒冷化傾向が重要な条件の1つになったと考えられる．プレートテクトニクスによる海陸分布の変化も要因の1つで，パナマ地峡ができて大西洋と太平洋が分離し，赤道東部の太平洋で湧昇流が強まり，熱帯域で大気と海洋が結合した東西循環系ができあがった．また，オーストラリア・ニューギニア大陸の北縁が赤道にまで達したことにより，太平洋からインド洋に流れ込むインドネシア通過流が南太平洋起源の暖かい海水から北太平洋起源の冷たい海水に変化し，赤道インド洋全体の海水温が低下したことも，氷河時代の開始に関連すると推定されている（安成，2018）．

最近100万年近くは，約10万年周期の氷期・間氷期サイクルが著しい．南極氷床から取り出された氷の試料の解析から明らかにされたのは，氷期・間氷期サイクルが，のこぎり型の変動を示すことである．間氷期から氷期へは，ゆっくりとした寒冷化を示す一方，氷期の最盛期から間氷期へは急激に変化し，1万年程度で間氷期に戻っている．間氷期の期間は短く，1から数万年であるのに対し，氷期は長い期間続き，その氷期の間に1,000年程度の細かな周期変

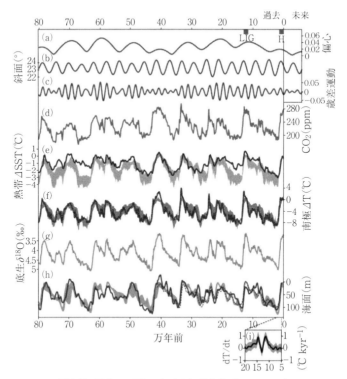

図 1-7　過去 80 万年における気候変動（IPCC, 2013）
(a) 公転離心率，(b) 軌道傾斜角（地軸の傾き），(c) 歳差，(d) 大気の CO_2 濃度，(e) 熱帯の海面水温，(f) 南極の気温，(g) 底生生物の酸素同位体比 $\delta^{18}O$ による全球的な水の量と深層水温，(h) 気候モデルから推定した海水準，(i) 最終氷期以後 2 万年前〜5,000 年前における気温変化率．

動が起きている．CO_2 やメタンなどの温室効果ガスも，気温とほぼ同じ変動を示しており，氷期サイクルのメカニズムと密接に関係している（図 1-7）（安成, 2018）．

　氷期と間氷期の気候は，平均 10℃ という大きな気温変化による氷河や氷床などの雪氷圏の拡がりの変化によって特徴づけられる．たとえば，最新の 1 万 8,000 年前の氷期には，北半球では北米大陸の北半分とヨーロッパの大部分が氷床に覆われていた．冬の積雪域も北米大陸の大部分，ユーラシア大陸の中高緯度の大部分に拡大している．氷期・間氷期サイクルに伴う雪氷域の拡大縮小

は，寒冷化の結果であると同時に，白い雪氷域の拡大縮小による反射率の変化を通して，寒冷化や温暖化を促進あるいは強化するという，気候システムにおける正のフィードバック効果を伴っている．この効果は，氷期にCO_2が低下し，温室効果を弱める効果や，火山活動などで大気中のダストが増加することにより強化される日傘効果などとともに，気候システム内における正のフィードバック効果として機能している．すなわち，氷期・間氷期サイクルのメカニズムに密接に関係するのは，①地球に入射する太陽エネルギーの変動（ミランコビッチ・サイクル），②温室効果ガス濃度の変動，③雪氷面積変動による反射率変動，④ダスト量の変動による日傘効果の変動，などの要素が考えられる．これらの要素の変動は，海洋全体の循環（深層水循環）の変動や海洋生態系の変動を通した光合成活動の変動，あるいは偏西風の強弱などを伴う大気大循環の変動などが関与して引き起こされている可能性が高い（安成，2018）．

　図1-8には，400-300万年前以降の原人から新人に至る進化の系統とその間の地球規模およびアフリカでの気候変動，東アフリカでの植生変化が同じ時間軸で示されている．この図から明らかに，第三紀末から第四紀の前半（300-100万年前）に，アウストラロピテクスは多様に進化し，その一部から新人の系統であるホモ・ハビリスや原人（ホモ・エレクトス）へと進化している．また，堅い木の実などの採集に適応した強い顎が発達したパラントロプス系統が分岐したが，100万年までに絶滅した．この時期は地球規模での寒冷化が進行し，4万年周期の氷期サイクルが卓越していた．東アフリカでは乾燥化が約280万年前後，170万年前後，100万年前後と進行し，森林から草原への移行が段階的に進んでいた．280万年前は，第四紀の氷河時代が始まり，全球的な寒冷化が進んだ時期であり，100万年前は，10万年周期の氷河サイクルが始まった時期にほぼ対応している．170万年前後は，熱帯の東西循環により西インド洋の低温化が進み，東アフリカの乾燥化はさらに進んだ．

　この段階的な気候・生態系変化に対応して，石器利用を始めたホモ属へと進化し，パラントロプスのように絶滅した猿人とは分かれ，分化が進んでいったことを図1-8は示している．気候の乾燥化と原人の進化の関係を決める鍵の1つは，生態系変化に対応した草食動物群の進化である．森林の縮小と草原の拡大に伴い，これらの草食動物群は，上記の3段階の時期に対応して爆発的に種

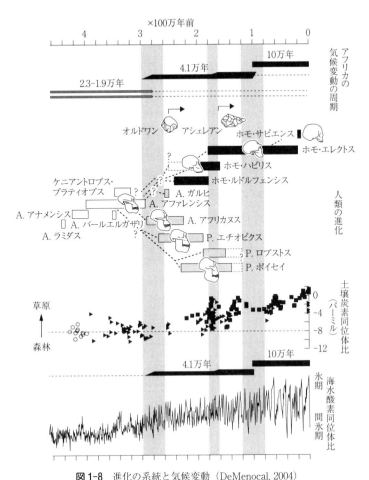

図 1-8 進化の系統と気候変動（DeMenocal, 2004）
400万年前から現在までの，猿人から新人までの進化過程を示す．東アフリカの土壌の変化も示す．A.：アウストラロピテクス，P.：パラントロプス．

分化した．それは草食動物を狩猟対象とし，石器を利用した原人の進化を促し，一方で，硬い根菜や堅果の採集を続けた猿人は衰退していった．狩猟生活にシフトした原人は，アフリカを出て，中央アジア，ヨーロッパ，東アジアへと進出した（7.2節参照）．その背景には，東アフリカの気候の乾燥化の進行に伴う動植物相の変化が狩猟や採集の状況の悪化をもたらしたことによると考えられ

る（安成，2013）．

　北アフリカから中東，中央アジアに至る広大な地域には，ヒマラヤ・チベット山塊の影響により乾燥気候が拡がっている．寒冷な氷河時代が進行し，アジアのモンスーンや乾燥気候が弱い状態になり，砂漠地域の周辺ではステップ草原が拡大し，西南アジアから中央アジアにかけて回廊のようにつながっていた．ヨーロッパも，北半分にはすでに氷床が拡がり，その南の地域は草原が拡がっていた．原人たちはそのステップ回廊で動物群を追いつつ，ゆっくりと北上し，東西に拡がっていった．東アジアにまで達した原人が，北京近郊周口店で発見された北京原人であり，火を使った証拠がある．インドネシアのジャワ島に到達したのがジャワ原人で，氷期に南シナ海の海面が低下して陸化し，インドネシアの島々は大陸（スンダ大陸）の一部となったため，陸路を南下してジャワに到達した（安成，2013）．

　現生人類であるホモ・サピエンスの直接的な祖先は，ミトコンドリア DNA の分析から，15-20 万年前頃にアフリカに現れたと推定されている．この時期は，10 万年周期の氷河期で 20 万年前頃の間氷期から氷期に向かって寒冷化していた時期である．この時期以降，私たちの祖先はアフリカ大陸からユーラシア大陸へと移動あるいは拡散しつつ，ホモ・サピエンスへと進化していった．この間，12 万年前頃に間氷期となるが，その期間は短く，全球は基本的に寒冷な氷期の気候であった（安成，2013）．

　現在の東アフリカ熱帯域にみられる典型的なサバンナ草原は 10 万年前以降に出現し，この草原に適応した現在の動物相につながる有蹄類（ひづめをもつ動物）などの種分化が活発になった．氷期には，アジアのモンスーンが弱まり，東アフリカ地域の乾燥気候も弱まったため，湿潤な気候となり，東アフリカの熱帯・亜熱帯域からアラビア半島，西南アジア・中央アジアにかけては，草原が途切れることなく回廊のように続いていた．氷期サイクルに伴う乾燥・湿潤気候帯の南北の変化の繰り返しが，草原の南北の変位あるいは拡大縮小を引き起こしていた．原人の出アフリカと同様，私たちの直接の祖先である新人も草原に多様に拡がった有蹄類動物を追いつつ，草原の拡大縮小に促されて，次第にユーラシア大陸へと移動していった（7.3 節参照）．原人の起源・進化と同様，新人も，氷河時代という寒冷な気候下で，ヒマラヤ・チベット山塊の存在によ

り形成された比較的乾燥した気候・生態系の地域を中心として進化した（安成，2013）．

　第四紀では，1万1,700年前には氷期が終わり，現在まで温暖な気候が続いている．東アジアにはナウマンゾウが生息し，ユーラシア大陸を中心とした寒冷な地域にはケナガマンモスがいた．ただし，地球が温暖化する途中，約1万3,000年前にヨーロッパが突然寒冷化し，寒冷期が1,000年間ほど続いた．この期間をヤンガードリアス期と呼び，この期が終わった1万1,700年前以降が完新世である．この突然の寒冷化は，北アメリカ大陸にあったローレンタイド氷床が融け，ミシシッピー川からセントローレンス川に変化し，北大西洋に大量の淡水が流れ込んだため，熱塩循環が停止・弱体化して生じた（安成，2013）．

　完新世における温暖のピークは8,000-6,000年前で，日本では縄文時代にあたる．3大作物の1つであるコムギは，西南アジアの乾燥気候下でその起源種が発見された．ザクロス山脈の雪が解け，豊富な水が流れ込んできたことは，谷沿いの湿地生態系の形成が多様な起源種を形成するためには重要であったと考えられる．この地域でのムギ農耕は，後氷期の1万2,000年前頃に開始され，メソポタミア文明の基礎となった．完新世以降の気候の乾燥化は，灌漑農業の展開を促したが，土壌の塩類化などを引き起こして持続できず，メソポタミア文明は崩壊した（安成，2013）．

　完新世になって，人類は初めて，ヒマラヤ・チベットの南東域に拡がるモンスーン気候が活発な湿潤地域に入り込み，水田稲作農耕を開始した．ヒマラヤ・チベット高原の隆起に伴い，この山塊から東・東南側に流れ出した河川が複雑な山ひだをつくりだした．活発な侵食により，谷間と河口付近には沖積平地ができ，そこがイネの起源となるイネ科の草本の自生地となっていた．チベット・ヒマラヤ山塊の活発な造山運動の過程で，中国南部から東南アジアの山間部とその裾野に発達した多くの河川系により形成された沖積地の存在こそが，稲作農耕の開始にとって必要な地形的条件であった（安成，2013）．

2 霊長類の進化

2.1 霊長類の特徴

　中生代は，2億5,000万年前から6,600万年前まで続いたが，1章でも述べたように，小惑星の衝突により終焉を迎えた．小惑星が地球に衝突し，吹き上げられたダストが地球環境を激変させ，すべての恐竜は絶滅した．中生代に続く新生代になると，かつて爬虫類が占めていた生態的地位を哺乳類が獲得することになる．中生代から新生代初期には地球の気温が高く，巨大な森林が地上の大部分を覆っていた．森林という広大な空間に進出した哺乳類が霊長類である．霊長類は，森林の中を素早く動きまわり，樹上生活という適応をなしとげた．枝から枝へと高速で移動したり，餌となる昆虫を見つけるために高度な3次元空間の情報処理が必要となり，これが霊長類に「賢さ」をもたらした．つまり，人類の進化的特性である「賢さ」は，森林環境における樹上生活への適応にもとづいている（図2-1）．

　霊長類に共通する特徴は，「賢さ」をもたらす大脳の発達のほか，視覚の発達や手の操作能力の向上にもみられる．霊長類は，高次の精神機能を営む大脳皮質連合野が他の動物に比べて大きく，環境の変化に対して柔軟に対応することができる．両眼が顔の前面に並ぶことによって立体視が可能になり，木から木へ飛び移るときに，距離を正確に捉えることができるようになった．色をみわける色覚が発達して，森林生活で重要な食物となる果実（赤，青，黄のような色）を遠くから発見することができるようになった．指は5本あり，親指が他の指と向き合うようになっていて（拇指対向性），手で枝をつかみやすくなった．

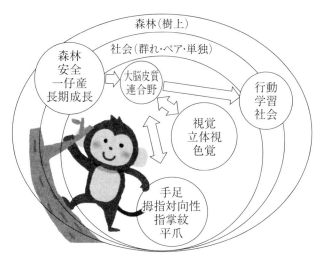

図 2-1　霊長類の共通特徴

爪はかぎ型でなく平爪となることで指先の器用さが増し，指掌紋により握ったものがすべりにくくなった．手の発達により食物を口まで運んで食べることができるよになり，口吻は短くなった．樹上は大型の肉食獣や猛禽類の攻撃を受けにくい安全な環境にあるため，一仔産で成長期間の長期化を可能にした．これらの樹上生活への適応を可能にしたのは脳の発達であり，霊長類の学習能力の高さやすぐれた記憶力，複雑な行動や社会生活をもたらした．霊長類の社会は多様で種によって異なる．単独行動や一対の大人の雌雄からなるペアで生活する場合もあるが，さまざまな形態の群れをつくり，さらに集団が階層性を示す重層社会もある（2.4 節参照）．

　霊長類は，哺乳類のなかでは脳が発達している．表 2-1 は，霊長類の脳の重さを体重との比でみたものである．ヒトの脳の重さは 1,400 g ときわめて重く，相対比は 2.2％ で，ヒヒや類人猿（テナガザル・チンパンジー）の 2 倍である．ただし南米のサルであるマーモセットのように，脳の大きさは絶対値ではそれほど大きくないが，体重比ではヒトを上回っているものもいる．脳の部位では側頭葉，前頭葉が発達しており，大脳皮質の分化もみられる（脳の部位については 13 章参照）．これらの特徴はヒトとも共通している（葭田, 2003）．すなわち，

表 2-1 霊長類の脳の重さ,体重,相対比(蔭田,2003)

霊長類名(分類)	脳重 (g)	体重 (kg)	相対比 (%)
ワオキツネザル(原猿)	24	3.0	0.8
マーモセット(広鼻猿)	12	0.3	4.0
ヒヒ(狭鼻猿)	142	12.0	1.2
テナガザル(ヒト上科)	133	11.3	1.2
チンパンジー(ヒト上科)	400	40.0	1.0
ヒト(ヒト科)	1,400	64.0	2.2

　700万年前から始まった人類特有の進化は,霊長類の樹上生活への適応のうえに新たな要素を加えたものといえよう.人類だけにみられる特徴は,直立二足歩行をし,頭が丸く大きいことである.前者に関連する身体的特徴は骨盤が広く脚が腕に比べて長いことで,後者に関連する特徴は顎や歯が小さいことである.

2.2 霊長類の起源

　現生哺乳類のなかで霊長類の起源は比較的古く,中生代末の約6,600万年前には出現していたと考えられている.初期霊長類が森林環境のなかで樹上生活を始めたのは白亜紀後半である.第1章でもみたように,中生代を通じて,超大陸パンゲアは北半球のローラシア大陸と南半球のゴンドワナ大陸へと分裂し,大陸上の氷床も融け始めた.両大陸の間にはテチス海と呼ばれる大きな海が拡がりつつあった.北のローラシア大陸は新生代に入っても高緯度地域を中心につながっていたが,やがて北米・アジア・ヨーロッパの三大陸に分裂していった.一方,南のゴンドワナ大陸を形成していたアフリカ大陸と南米大陸は大西洋の拡大とともに離れていき,やがて南極大陸とオーストラリア大陸も分裂する.インド大陸は,他の南半球の大陸塊と分かれた後,急速に北上して最終的にアジア大陸に衝突した.南半球のゴンドワナ大陸の一部であったインド大陸が,ローラシア大陸の中心であったアジア大陸と合体した(図1-5)(京都大学霊長類研究所,2007).

　地表の大陸がひとかたまりであった頃は,赤道付近で暖められた暖流が高緯

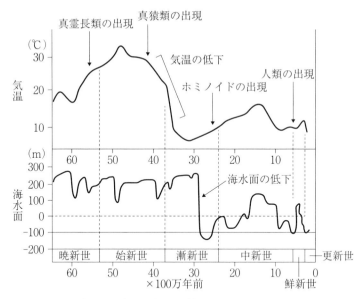

図 2-2　気温と海水面の変動図（京都大学霊長類研究所，2007）

度地域にまで還流することにより，地球全体が暖められた．低緯度地域と高緯度地域の温度差も小さく，地球全体が暖かかった．超大陸パンゲアが分裂し始めても，低緯度地域で暖められた海流が赤道付近を周回することになるので，地球全体は暖かかった．白亜紀末から地球は寒冷化するが，やがて再び温暖化の傾向を示し，始新世の前半まで地球は「温室状態」にあった（図2-2）．4,000-3,000年前の気温の推移は南極大陸の分離による南極域の寒冷化が影響している（1.3節）．南極大陸が南米大陸やオーストラリア大陸と分離したことにより，環南極周海流が形成されると，南極大陸に暖かい海流が行かなくなり，巨大な大陸氷河が形成された．氷河が形成されると融けることはないので，始新世末から漸新世にかけて地球全体が急激に寒冷化した．地球の寒冷化によって，高緯度地域にまで拡がっていた熱帯・亜熱帯植物相は，低緯度地域だけになった．霊長類の分布も，それにしたがって低緯度地域に限定されるようになった．場所によってはレフュージアと呼ばれる避難場所が形成され，それが霊長類の進化を複雑なものにした（京都大学霊長類研究所，2007）．

1,500万年前の中新世中期頃から第四期を通じ，急激な寒冷化が進んだ（1.3節）．インド大陸が北上してアジア大陸に衝突した結果，始新世後半にはテチス海が浅くなり始め，漸新世までには完全に消滅した．赤道付近を周回していた海流がなくなったので，これも地球の寒冷化を進める一因と考えられる．インド大陸はその後も北上し，中新世後半からはアジア大陸との境界部にあたるヒマラヤ山脈とその北側のチベット高原が隆起していくことになった．その結果，南アジアを中心とした地域にモンスーン気候が生まれ，雨季と乾季が出現する．こういった全球規模の大陸移動のもとで，白亜紀には現生哺乳類につながるいくつかの系統が出現した．そのうちの1つが霊長類である（京都大学霊長類研究所，2007）．

　最古の霊長類は白亜紀末（約6,600万年前）に北米に生息していたプレシアダピス類のプルガトリウスとされている．霊長類の特徴は「特殊化していない」ことである．白亜紀の原始的哺乳類のなかで，歯の形態が特殊化していないものが霊長類の祖先である．もっとも特殊化していない哺乳類がプルガトリウスなので最古の霊長類とされるが，その化石は上下の不完全な歯列しか見つかっていなかった．ところが2012年に，足関節（足首）の骨が特定され，プルガトリウスは木に登っていたことが明らかになった．新生代の暁新世の地層で発見された保存状態のよいプレシアダピス類の化石は，手足の親指が拇指対向性を示し，枝を指でつかむ霊長類の特徴がみられる．手足の把握能力と立体視を発達させた初期霊長類は，始新世前半の温暖な時期に北米やヨーロッパ，アジアなどの比較的高緯度地域で急速に適応放散し，大型のアダピス類と小型のオモミス類という2つの系統群に分かれて進化した．やがて，アダピス類は現生の曲鼻猿類（キツネザル類やロリス類）に進化し，オモミス類はメガネザル類と真猿類（ヒト・類人猿・旧世界ザル・新世界ザル）に進化した．アダピス類もオモミス類も始新世には北米やヨーロッパ，アジアで繁栄していたが，始新世末から漸新世初頭にかけて地球全体が寒冷化したため，急速に衰退し絶滅した（京都大学霊長類研究所，2007）．

　真猿類の出現時期は約4,000万年前，真猿類のなかで広鼻猿類（新世界ザル）と狭鼻猿類（旧世界ザル，類人猿，ヒト）の分岐時期は約3,500万年前と推定されている．その後，広鼻猿類は分裂した南米大陸（新世界）のなかで独自の進化

をとげ，アフリカやアジアといった旧大陸に残った狭鼻猿類からはいくつかの系統が出現し，約 2,500 万年前に現生の旧世界ザル類とホミノイド類（ヒト上科）に分かれた（2.3 節も参照）．最初（中新世前半）はホミノイド類の方が優勢だったが，その後衰退し，現在では限られた地域にだけ生息している．一方，旧世界ザル類は中新世後半から急速に適応放散し，旧大陸全体に分布するようになった．旧世界ザル類は葉食性のコロブス亜科（リーフモンキーなど）と果実を中心とした雑食性のオナガザル亜科（マカクやヒヒなど）に分かれて進化した．マカク類は，アフリカ大陸北西端から極東の日本列島（ニホンザル）まで広範囲に分布しており，適応能力の高さを示している（京都大学霊長類研究所，2007）．

2.3 現生の霊長類

　現生する霊長類（目）は 447 種に分類され（日本モンキーセンター霊長類和名リスト 2018 年 3 月版），原始的な特徴（真猿類の祖先型）をもつ曲鼻猿類（亜目）と，より「高等」な直鼻猿類（亜目）とに分けられる（表 2-2）．曲鼻猿類は，マダガスカルのキツネザル類と東南アジア・アフリカに分布するロリス類の 2 つのグループに分けられる．かつてはこの曲鼻猿類とメガネザルをまとめて「原猿類」として分類していたが，メガネザルが真猿類に近いことがわかり，現在では直鼻猿類としてまとめられている．したがって正式な分類体系では「原猿類」は使わなくなっている（京都大学霊長類研究所，2007）．

　直鼻猿類はヒトやサルを含むグループで，メガネザル類と真猿類に分けられる．後者は中南米に生息する広鼻猿類とアフリカやアジアに生息する狭鼻猿類に分けられ，さらに狭鼻猿類は旧世界ザル類とホミノイド類の 2 つの大きなグループに分けられる．旧世界ザル類は，オナガザル亜科とコロブス亜科に分けられる．ニホンザルはオナガザル科に含まれるマカク属の一種である．ホミノイド類は類人猿とヒトに分けられ，類人猿は小型類人猿と呼ばれるテナガザル類と，大型類人猿とに分けられる．大型類人猿は，東南アジアに生息するオランウータンと，アフリカに生息するゴリラ・チンパンジー・ボノボがある．大型類人猿はオランウータン科と呼ばれることが多いが，分子生物学的にはアフリカの大型類人猿は厳密には単系統群を形成していない可能性が強いため，こ

表 2-2 霊長類の分類（日本モンキーセンター霊長類名リスト 2018 年 3 月版から作成）

```
霊長目（Primates）
    曲鼻亜目（Strepsirrhini）
        キツネザル下目（Lemuriformes）
            キツネザル上科（Lemuroidea）
                コビトキツネザル科（Cheirogaleidae）     コビトキツネザル
                キツネザル科（Lemuridae）               キツネザル
                イタチキツネザル科（Lepilemuridae）
                インドリ科（Indoridae）                 インドリ，シファカ
                アイアイ科（Daubentoniidae）            アイアイ
        ロリス下目（Lorisiformes）
            ガラゴ科（Galagidae）                      ガラゴ
            ロリス科（Lorisidae）                      ロリス
    直鼻亜目（Haplorrhini）
        メガネザル下目（Tarsiiformes）
            メガネザル科（Tarsiidae）                  メガネザル
        真猿下目（Simiiformes）
        広鼻小目（Platyrrhini）（新世界ザル）
            サキ上科（Pithecioidea）
                サキ科（Pitheciidae）
            オマキザル上科（Ceboidea）
                クモザル科（Atelidae）                 ホエザル，クモザル
                オマキザル科（Cebidae）
                    オマキザル亜科（Cebinae）          オマキザル，リスザル
                    ヨザル亜科（Aotinae）
                    マーモセット亜科（Callitrichinae）  マーモセット，タマリン
        狭鼻小目（Catarrhini）（旧世界ザル）
            オナガザル上科（Cercopithecoidea）
                オナガザル科（Cercopithecidae）
                    オナガザル亜科（Cercopithecinae）  ヒヒ，グエノン，マカク
                    コロブス亜科（Colobinae）          コロブス，リーフモンキー，ラングール
            ヒト上科（Hominoidea）
                テナガザル科（Hylobatidae）
                    フーロックテナガザル属
                    テナガザル属                      テナガザル
                    クロテナガザル属
                    フクロテナガザル属                 フクロテナガザル
                ヒト科（Honinidae）
                    オランウータン属                  オランウータン
                    ゴリラ属                          ゴリラ
                    チンパンジー属                    チンパンジー，ボノボ
                    ヒト属                            ヒト
```

の分類を採らない研究者も少なくない．「ワシントン条約」や日本国内の法律である「種の保存法」では，大型類人猿は「ヒト科」として分類され，ヒトだけではなく，チンパンジーやボノボ，ゴリラ，オランウータンが含まれる（京都大学霊長類研究所，2007）．

野生のサルは，熱帯雨林を中心に分布し，熱帯サバンナや熱帯半砂漠，温帯林などさまざまな植生に拡がり，アフリカやアジア，中南米に生息するが，北米やヨーロッパにはいない．

霊長類は，先にも述べたように，曲鼻猿類と長鼻猿類に分けられ，後者はさらに，メガネザル類，真猿類に，真猿類は，広鼻猿類，狭鼻猿類に分けられる．以下，それぞれの特徴を見ていこう．

曲鼻猿類は，顔面が毛で覆われており，鼻部が突き出ている．脳が小さく，眼球は前面ではなく外方に向き，眼窩の骨壁が完成していない．霊長類の爪は平爪であるが，曲鼻猿類には，かぎ爪のものもいる．多くは夜行性であり，食性も昆虫食が主体である．移動方法は，木に垂直にしがみつき，跳躍して別の木に飛びつく．外見はサルらしくないが，樹上生活をし，霊長類の祖先の姿を残している．フィリピンやセレベスに分布するメガネザルは，体重100グラム程度の小型のサルで，眼が大きく夜行性である．後肢が長く，跳躍力が優れており，体長の25倍もの距離を跳ぶ．

真猿類は，眼球が前方に向き，眼窩の骨壁が完成している．脳は大きく，とくに前頭葉や側頭葉，および後頭葉の視覚野が発達している．爪は一部を除き平爪である．

広鼻猿類は，新世界ザルとも呼ばれ，中南米に分布する．鼻孔は広く，左右の鼻孔は離れ外側を向いている．オマキザル類とサキ類に2分される．樹上生活をし，ヨザルを除いて昼行性である．オマキザル類は，長くまいた尾で枝をつかんでぶら下がり，体も比較的大きい．フサオオマキザルやリスザルなどは，その行動からかなり知能が高いことが知られている．サキ類は比較的小型で，爪はかぎ爪，集団はペア型の社会を形成して生活する．

狭鼻猿類は，旧世界ザルとも呼ばれ，鼻孔は狭く，左右の鼻孔はくっついており下方を向いている．オナガザル上科とヒト上科に分けられる．樹上性だけではなく，地上性や半地上性のものも多い．オナガザル類は，尻だこのあるこ

とが特徴である．ヒトと同じ 32 本の歯を持つが，犬歯が発達している．生活圏は変化に富み，アフリカやアジアの熱帯雨林，ネパールやインドの高山地帯，アフリカのサバンナ，エチオピアの砂漠地帯，日本の降雪地帯などさまざまな環境にすんでいる．群れ型の社会をつくり，単雄群や複雄群あるいは重層構造を持つものなどさまざまな形態がある．食性は植物食か，植物主体の雑食である．オナガザル科は，狭義のオナガザル亜科とコロブス亜科に分けられる．オナガザル亜科は体は大きく，コロブス亜科は比較的体が小さくて，細身のサルが多い．オナガザル亜科の食性は雑食で，果実や葉，種子などを食べる．下顎には首まで広がる頬ぶくろがあり，そこに食べ物を入れることができる．地上など，危険な場所で採食する際に，この頬ぶくろに一時的に食べ物を入れておき，安全な場所でゆっくりと食べる．コロブス亜科は葉食で，樹上で長時間採食する．コロブス亜科には頬ぶくろはないが，胃が複数に分かれており，反すうすることができる．親指が小さく退化し，完全に消失している場合もある．

　ヒトと類人猿をまとめた分類名がヒト上科である．オナシザル（無尾猿類）ともいわれるように尾がないことと，下顎大臼歯がドリオピテクス・パターン（Y字溝5咬頭）を示すことが特徴である．脳が大きく発達し，妊娠期間が長く，出産後に緩やかに成長し，成長期間が長い．

　現生の類人猿は，多くの特徴が共通しており，霊長類のなかの1つの分類群となっている．身体特徴としては，下肢が短く，上肢は長くて可動範囲が広い．手のひらと指は長く鉤状になっており，屈筋群全般と肩の筋肉が発達している．体幹は前後の厚みが少なく，左右の幅が広いので，重心の位置が脊柱に近づき，肩関節の可動範囲が大きくなる．腰部は短く，可動性が制限されるため，腰部を利用した移動には適さない．上肢による重心移動（ナックル歩行）の効率を高めるため，体幹と上肢を連結する筋肉が特殊化している．懸垂運動や垂直木登り運動を行い，樹上では四足で移動する．体の大型化によって，枝にぶら下がり，懸垂型の運動をするようになり樹上空間を自在に活用できるようになった．したがって，現生の類人猿とは，懸垂型の運動を取り込んだ熱帯林に適応した大型の霊長類であり，共通パターンを有している（諏訪，2006）．

　現生類人猿は，森林に生息して果実を主食とし，複雑な社会システムをつくっている．そのため，果物が入手できる環境に生息域が限定される．果物が1

年中容易に入手できる環境は熱帯林であり，多くがそこにすんでいる．つまり，現生類人猿は，熱帯林にすむことを余儀なくされている．森林で生活する類人猿にとって，樹木の存在も重要である．多くの類人猿が樹上にいるのは，肉食獣から身を守るためと食物を得るためである．テナガザル類は樹上を移動するが，チンパンジーやゴリラ，オランウータンのような大型類人猿は，体が大きく重いので，地上に降りて移動する．

　各現生類人猿の身体的特徴についてみていこう．

　テナガザルは頭胴長が 45-65 cm で体重が 5.5-6.7 kg であり，フクロテナガザルは頭胴長が 75-90 cm で体重が約 10.5 kg である．類人猿としてはもっとも小型であり，オスとメスの体格差はほとんどない．他の樹上性のサルよりやや大きく，テナガザルが類人猿の共通祖先より小型化したのは，この特異な生活様式にあると考えられる．上肢が長く，腕わたり（樹上などで，腕を交互に出して移動する方法．ブラキエーション）に適応し，手の親指は短い．下肢も比較的長く，足の人差し指と中指の間に皮膜がみられる．体色は種や性によって黒色，褐色，灰色，白色などがある．東南アジアの熱帯雨林の高い樹の上で生活し，地上にはおりない．喉の部分に共鳴ぶくろ（鳴きぶくろ）を持つフクロテナガザルや手が白いシロテテナガザルなど 4 属 16 種がいる（日本モンキーセンター霊長類和名リスト 2018 年 3 月版）．

　オランウータンは，オスの頭胴長が 97 cm で体重が 60-90 kg，メスの頭胴長が 78 cm で体重が 40-50 kg の大型の類人猿で，雌雄差が大きい．下肢に比べ上肢がきわめて長く，手の親指は短い．体色は赤褐色や褐色で，皮膚は黒い．オスのオランウータンは，顔面に肉垂れ，頭部に脂肪の冠，そして頸部に喉ぶくろという特徴を示す．オランウータンは，マレー語で「森の人」を意味し，ボルネオ島とスマトラ島の熱帯雨林に生息する．食物の約 60％ は果実で，ドリアンやランブータン，パンノキ，ライチ，マンゴスチン，マンゴ，イチジクなどを食べる．他には，若葉や新芽，昆虫，樹皮なども食べる．行動はゆっくりだが，熱帯林の中で採食樹を見つけだす知的能力は高い．オランウータンの母親は出産後 3 年ほど授乳を続け，赤ん坊はつぎの子が生まれるまで，母親の背中に乗せて運び一緒に眠る．3-7 歳になるとひとり立ちし，単独で移動することもある．7-10 歳の思春期までには，母親から完全に独立する．15 歳程度で

初産を迎え，出産間隔は 9 年程度で，30 歳になるまで出産能力を保持するようである（久世，2018）．

　ゴリラは最大の霊長類で，オスは頭胴長 170-180 cm，体重は 150-180 kg とサイズが大きい．メスの頭胴長は 150-160 cm，体重は平均 80-100 kg であり，雌雄差が大きい．眼窩が上に隆起しており，咀嚼筋や首の後ろの筋肉の付着部が発達している．上肢はかなり長く，手を軽く握り指の背を地面につけてナックル歩行を行う．足は地上歩行への適応を示しているが，拇指対向性のため枝などを把握する機能がある．体色は黒色や暗褐色であるが，成熟したオスゴリラは背中が銀白色になりシルバーバックと呼ばれる．アフリカ西部から中央部にかけて生息し，ヒガシゴリラとニシゴリラの 2 種，そして前者はヒガシローランドゴリラとマウンテンゴリラの 2 亜種に分類される．湿気の多い森林にすみ，ニシローランドゴリラは標高 1,000 m 以下の低地林に，ヒガシローランドゴリラは 600-3,000 m の山地林に，マウンテンゴリラは 1,500-4,000 m の高地に生息する．低地では主として果実，葉，昆虫を食べるが，果実が少なくなる乾季や高地では，葉，樹皮，髄，根，草本の新芽などを大量に食べる．昼行性で，採食するとき以外は地上にいることが多い．夜は地上に自分のベッドをつくって眠り，毎晩違う場所につくることが多い．新生児は約 1.8 kg と小柄だが，5 歳には 50 kg に達する．6 歳から 8 歳で思春期に達し，10 歳で初産を迎え，妊娠期間は平均 256 日，出産間隔は約 4 年，寿命は 40-50 年である．

　チンパンジーは，オスの頭胴長 85 cm，体重 40-60 kg，メスの頭胴長 78 cm，体重 32-47 kg と，雌雄差が小さい．下肢より上肢の方が長く，ナックル歩行を行う．体色は黒色であるが成熟すると背中が灰色になるものが多い．顔色は黒色から肌色までさまざまであり，顎に短く白い毛が生えている．アフリカ西部から中央部にかけて生息し，チュウオウチンパンジー，ナイジェリアチンパンジー，ヒガシチンパンジー，ニシチンパンジーの 4 亜種に分かれる．湿った熱帯雨林から標高 3,000m までの山地林，森林地帯，サバンナで生息する．樹上で生活し，地上ではナックル歩行で移動する．ベッドは毎日違った樹上につくるが，一度使ったベッドを再利用したり，地上につくることもある．果実や葉，花，種子，樹皮，蜂蜜，昆虫など広範な雑食性で，リスやハイラックス，ダイカー，イノシシ，各種のサルなどの肉食もする．生まれてから 4 年ほど乳を吸

って育ち，8歳から11歳で思春期に達する．14歳から15歳で初産を迎え，出産間隔は5年，寿命は約50年と推測されている．

ボノボ（ピグミーチンパンジー，ビーリャ）はチンパンジーに近縁の類人猿で，オスの頭胴長73-83 cm，体重39 kg，メスの頭胴長70-76 cm，体重31 kgで，雌雄差は小さく，体色は黒色である．顔は黒色で，髪の毛は頭部中央で左右に分かれ，側頭部の毛が立っていて耳がみえにくい．ボノボはチンパンジーよりも，犬歯が小さく，耳も小さい．低地の一次林や二次林，湿地林に生息し，植物食を主体とし，果実は80%を占める．他には，葉や新芽，骨の髄，地上生の草本，蜂蜜，昆虫などを食べる．ミミズや小型の爬虫類，リスなども捕食するが，サルを食べることはない．昼行性で樹上性だが，地上を移動するときはナックル歩行をしながら歩く．ベッドは毎晩違った樹上につくる．生後4歳頃まで授乳し，8歳から11歳で思春期に達する．メスは発情すると性皮がピンクに腫脹する．35-40日の周期で交尾をし，14歳で初産を迎える．出産間隔は4-6年，寿命は約40年と推測されている．

2.4　霊長類の社会

霊長類の基本的な社会単位は種によって異なり，それぞれ一定の大きさ，構成，凝集性，分散パターンを持つ．集団の構成は，大人のオスも大人のメスも単独行動をとる種，一対の大人のオスとメスからなる単雄単雌集団（ペア型），そしてさまざまな群れをつくるものがある．群れには，1頭の大人のオスと複数の大人のメスからなる単雄複雌集団，少数の大人のオスと1頭の大人のメスからなる複雄単雌集団，複数の大人のオスとメスからなる複雄複雌の3つがあり，その他に集団が階層性を示す重層社会がある（表2-3）（西田，2007）．

単雄単雌，単雄複雌，複雄単雌，複雄複雌の集団は，大人のオスとメスがいるので「両性集団」という．集団のサイズは2頭から100頭以上まであり，重層社会では700頭を超える集団になることがある．哺乳類では，交尾期以外はオスが単独で生活し，メスのみが集団をつくるような種は多いが，霊長類には，一時的な場合を除いて，メスのみで集団をつくる種はない．一部のオスがヒトリザル（ソリタリー）として単独生活することは数多くみられるが，メスが単独

表 2-3 霊長類の集団の分類（西田，2007）

	母系集団	父系集団	非単系集団
分散の様式	雄の分散	雌の分散	雌雄とも分散
雌雄とも単独	オオガラゴ		オランウータン
雄単独・雌集団	（オナガザル科）	なし	なし
雌単独・雄集団	なし	なし	なし
単雄単雌	なし	なし	テナガザル マーモセット科 インドリ
単雄複雌 （重層社会）	オナガザル属 マンドリル ラングール属 アカホエザル ケラダヒヒ	マントヒヒ ヒト	ゴリラ マーモセット科
複雄単雌			マーモセット科
複雄複雌	マカク アカコロブス ヒヒ属 サバンナモンキー オマキザル属 ワオキツネザル	チンパンジー属 クモザル亜科	マントホエザル

で生活し，オスが集団をつくることはない．凝集性については，メンバーがいつも一緒にいる集団と離合集散する集団がある．分散パターンは，母系集団と父系集団，そして非単系集団の 3 種類がある．母系集団は，メスが生まれた集団に一生とどまり，オスは性的成熟とともに集団を去るようなシステムで，集団のテリトリーがメスからメスへと継承される．父系集団は，オスが生まれた集団に生涯とどまり，メスは性的成熟とともに集団を離れるシステムで，テリトリーがオスからオスへと引き継がれる．非単系集団とは，オスもメスも生まれた集団から離れるシステムである（西田，2007）．

旧世界で生息域が広いオナガザル科と，アジアとアフリカの熱帯雨林で生き残っている類人猿との社会構造を比較すると大きな差が認められる．オナガザル科のほとんどの種が母系集団であるのに対して，類人猿の社会ではメスは思春期に達すると，母親から離れて別の集団で繁殖する．オナガザル科の集団は，

単雄複雌（オナガザル属やマンドリルなど）か複雄複雌（マカクやヒヒなど）の構造をもつ群れをつくる．群れはまとまりがよく，それぞれの群れは一定の地域を遊動し，隣接する群れとは遊動域の一部が重複する．類人猿の集合パターンは，オナガザル科とは異なる群れの構成や動きの特徴をもっている（山極，2012）．

それでは，各類人猿がどのような集団をつくっているかをみてみよう．

テナガザルは，ペア型でテリトリーをつくって生活する．ペア型は夜行性の原猿類にみられる生活様式で，昼行性のサルには少なく，オナガザル科にはない．これはテナガザルが発達させた独特な移動様式や声と関係している．テナガザルは腕わたりをしながら枝から枝へすばやく飛び移り，テリトリーの端から端まで自在に移動し，熟した果実を効率よく採食する．大きな声を出すことでテリトリーを主張し，それぞれのペアが互いのテリトリーを守ってすみわけをする．熱帯雨林で熟した果実を主食として生きるには，広いテリトリーが必要であり，ペア同士が競合せずに繁殖できるような生存方法となっている．テナガザルは樹冠生活にうまく適応している（図2-3）（山極，2012）．

大型類人猿の社会的特徴は表2-4 にまとめて示す．オランウータンは単独生活をする．オスはメスよりも広い範囲を行動し，ときおり大きな叫び声をあげる．この声の機能は，オス同士の距離を保ち，発情したメスを誘う役割を果たしているのであろう．オスとメスは配偶関係を持っているとき以外には，単独で移動し採食を行う．各個体は，それぞれ数 km^2 に及ぶ遊動域を持っているが，その中に他の個体が入ることを許す．赤ん坊はつねに母親と一緒にいるが，3-7歳になると離れて生活するようになる．子どもの頃や思春期には，他個体との親しい関係が観察される．一緒に数時間遊んだり，ペアになってあちこち歩いたり，母子集団にくっついて歩いたりする．10-15歳のオスは，ほとんど単独で過ごし，叫び声を発することもない．オトナのオスは互いの動きを意識しており，遠くまで響きわたる大きな叫び声を発し合って，所在を知らせる．オス同士の出会いは避けられているが，たまに出会うと，相手をにらみつけ，のど袋をふくらませ，枝をゆすり折ったり，時には叫び声を発しながら突進するといった激しい攻撃を行うこともある（鈴木，2003；小原他，2000）．

ゴリラは平均10頭前後の単雄複雌群をつくるが，複数のオスが含まれることもあり，これらのオスは父親と息子，兄弟という血縁のつながりがある．オ

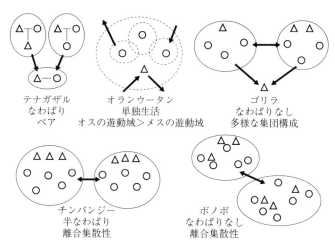

図 2-3 類人猿の社会構造（山極，2007）
○はメスを，△はオスを表し，矢印は集団間の個体の移動を示す．

表 2-4 大型類人猿の社会的特徴（山極，2015）

	オランウータン	ゴリラ	チンパンジー	ボノボ
集団サイズ	1.0-1.9（平均）	3-17（平均）	4.0-8.3（パーティ） 19-106（コミュニティ）	4.3-16.9（パーティ） 30-120（コミュニティ）
性・年齢構成	単独，一時的集団	単独オス，単雄複雌，複雄複雌	複雄複雌	複雄複雌
移出	オス・メス	オス・メス	メス	メス
移入	―	メス	メス	メス
採食集団	個体単位	集団単位	個体単位で離合集散	集団単位で離合集散
オス・オス関係	疎遠，小型のオスのみ一時的共存	疎遠，血縁のオスのみ共存	強固な血縁オス連合	弱い血縁オス連合
メス・メス関係	疎遠	疎遠だが共存	疎遠で離合集散	共存
オス・メス関係	一時的共存	恒常的に共存	離合集散	頻繁にサブグループをつくる
宥和行動	まれ	まれ	多彩	性行動が使われる
体重の性比（オス／メス）	2.04-2.37	1.63-2.37	1.27-1.29	1.36-1.38

スもメスも思春期に達すると生まれ育った集団を出るが，メスだけが他の集団へ移籍し，オスはしばらく単独生活を送った後にメスを得て自分の集団をつくる．マウンテンゴリラではオスによる子殺しが観察されている．これはメスの発情を早め，移籍を促進する効果がある．ゴリラは，オナガザル科のサルのようにまとまりのよい単雄複雌の群れをつくっている．しかし，遊動域はいくつもの群れの間で大幅に重複しており，1つの群れが占有するような地域はみられない．ニシローランドゴリラの生息域には「バイ」と呼ばれる湿地があるが，ここにはハイドロカリスという栄養価に富んだ水草がある．コンゴ北部には30を超える群れが共通して利用するバイがいくつもある．こういった共有地があるのもオナガザル科のサルにはみられない特徴である．サルたちが群れをつくる理由の1つは，共同で遊動域をつくり，そのなかの食物資源を優先的に利用するためであるが，ゴリラの群れは共同利用している．これはゴリラのメスが群れを出て，他の群れに移ることと関連があると考えられており，メスは決まった土地に縛られることなく，新天地を求めて出ていく（山極，2015）．

チンパンジーは19-106頭からなる複雄複雌群をつくり，頻繁に個体が離合集散する．乳児を持つメスは単独で遊動することが多く，オスはオス同士，あるいは発情したメスといっしょに遊動することが多い．10-20 km^2 の遊動域を持つが，乾燥域では数百平方キロメートルに及ぶことがある．1日の移動距離は2-4 kmで，オスの方がメスより長い．集団内ではオスの結合が強く，オスの間では順位があり，順位を上げるためのさまざまな行動がみられる．また，雑食で肉食もし，アカオザルやアオザルなどを好んで食べ，集団でコロブス狩りをする．食物分配の行動が観察されており，とくに肉は分けることが多い．チンパンジーは道具を用いて，オナガザル科のサルには採食できないアリやシロアリなどの昆虫を食べる（2.5節参照）．多様な挨拶行動や政治的行動を示し，これらの行動を通して仲間との連合関係を保ち，社会的地位を維持しようとする．成熟個体間ではオスがメスより優位で，オスの間には直線的な順位序列がある．物乞と分配，道具の使用や製作，子殺しが観察されており，性行動は乱交である．子殺しは群れ内で起こることが多く，オスの子どもがよく殺される．犠牲になった子どもは群れのメンバーによって食べられる．メスは思春期に達すると自分の生まれ育った群れを離れて他の群れへ移籍するが，オスは群れを

出ることはあっても，他の群れに移籍することはない．群間関係は敵対的で，血縁関係のあるオス同士が連合して隣の群れを襲い，オスたちの間で殺し合いが起こることもある．チンパンジーの行動のいくつかには，地域的な差が見られ，これらは生得的なものではなく，文化的行動であると考えられている．チンパンジーの生息する環境は変化に富んでおり，社会的行動や採食行動においても地域による違いがみられる（西田, 2008）．

　ボノボは，30-120頭の複雄複雌群をつくるが，6-15頭のオスとメスからなる小集団に分かれて遊動することが多い．1日に1.2-2.4 kmほど移動し，年間22-58 km^{2}の行動域を持つ．行動パターンはチンパンジーとよく似ているが，堅果食や肉食は観察されていない．メスは思春期に達すると生まれ育った集団を離れて他集団へ移籍するが，オスは生涯生まれ育った集団に残る．攻撃性が低く，オスがメスと比較的対等に付き合う．成熟したオスでも自分の社会的地位を維持するために母親に頼ることがある．社会的緊張が高まると，ボノボに特異的な性的行動が表れる．生殖のための行動ではなく，オス・メス間の交尾，オス同士が尻をつけ合う行動，メス同士が腫れた性皮を左右にこすりつけて緊張を解く行動がみられる．メスは出産後約1年で発情を再開し，性皮を腫脹させて交尾を行うが，授乳している間は排卵せず妊娠はしない．そのため，ボノボではほぼ日常的に性的な交渉がみられる．食物の分配が観察されており，食物を乞う個体が食物を持った個体に近づいて手を伸ばすことによって起こり，もっとも優位な個体でもこの分配要求を拒めない（加納, 1986；黒田, 1982）．

　チンパンジーやボノボは樹上も地上もすばやく移動して，広く果実を探索する能力を持っている．しかも，果実の成熟度に応じて採食集団の大きさを変える．大型の類人猿なので，捕食者の脅威から単独で身を守り，一時的に単独で遊動することも可能である．離合集散の程度は，発情したメスの存在や授乳中の赤ん坊の有無によって変わり，地域によっても大きな差異がある．

　このように，現生の類人猿の社会構造は，それぞれまったく異なっている．オナガザル科のサルたちが類似した母系集団を持っているのと対照的である．それは，類人猿がそれぞれの分類群で社会の仕組みに工夫を凝らすことによって，オナガザル科のサルとの共存を可能にしてきたことを反映していると考えられる．類人猿の社会構造を比較してみると，共通しているのは，メスが成熟

する前に母親のもとを離れることで，メスが集団間を移籍するという特徴である．この特徴はそれぞれの系統群で独立に発達したのではなく，類人猿の祖先種が持っていたものであろう．メスが他集団へ移籍する特徴以外の社会的特徴（集団の構成，離合集散性，個体間関係，集団間関係）は種間で異なっている．類人猿は非母系という共通特徴のうえに，それぞれの環境条件で直面した採食，繁殖上の問題によって多様な特徴を発達させてきた．同じ集団で共存するメスたちは血縁関係を持たないので，母系社会に比べてメスの連合関係に変異が起きやすい．オスたちは同じ集団で生まれ育ったオスとの協力関係を変えることによって，これらの変異をつくりだしている（山極，2015）．

また，人類と類人猿の系統関係をみると，共通祖先から最初に分かれたテナガザルは発情徴候がなく，オスとメスの体の大きさが等しく，ペアの社会をつくる．次に分かれたオランウータンは，オスがメスよりはるかに大きく，発情徴候がなく，単独生活をする．ゴリラもほとんど発情せず，オスがメスよりはるかに大きいという特徴を持ち，一夫多妻か多夫多妻の群れをつくる．ボノボとチンパンジーは月経周期の半分以上発情する．チンパンジーは，複数のオスとメスが共存して大きな集団をつくり，オスには序列がある．メスは発情徴候を示して乱交的な交尾をするという特徴がある．

人間の遺伝子の約3分の2はチンパンジーに近く，残り3分の1はゴリラやオランウータンに近いという特徴を持っている．人類の祖先は発情徴候がない集団をつくり始めたとすると，ペアに移行しやすい．ゴリラのように，まず血縁関係にある親子（父と息子），あるいは兄弟同士が互いの配偶者を認め合いながらも排他的に振る舞う．それが親族集団になり，外部からメスが転入してきて集団が大きくなる．ゴリラは逆にオスとメスの性差を拡大するような方向に進化し，人類は性差を拡大しないような方向に進化したといえるだろう（諏訪・山極，2016）．

2.5　類人猿の道具使用と言語能力

類人猿の道具使用については，多くの事例が報告されている．グドール（J. Goodall）が発見したシロアリ釣りと呼ばれる行動は，チンパンジーがシロアリ

の巣に棒きれを差し込んで，それに食いつくシロアリを食べる行動である．タンザニアのゴンベで野生チンパンジーの観察を始めたばかりだったグドールが，世界で初めて類人猿の道具使用を観察し，人類学上の大センセーションを巻き起こした（グドール，1996）．その後，類人猿の数々の道具使用行動が発見され，種差や地域差などが，次々と明らかになってきている．ボッソウのチンパンジーでみられたヤシの実を石でたたき割って食べる行動やヤシの成長点を食べる杵突き行動，マハレのオオアリ釣りや葉をスポンジのように使って水を飲む行動，小枝を使ってハチミツをとるオランウータンなどさまざまな例が報告されている（京都大学霊長類研究所，2007）．

　野生のチンパンジーが日常生活で数々の道具を用いることは，どの調査地でも報告されているが，野生のボノボでは道具使用行動がほとんど知られていない．ところが，飼育下のボノボは，道具を使いこなす．木の葉で水をすくって飲んだり，棒を使ってものを引き寄せたり，水を飛び越えたり，木片を使って背中を掻くことができる．ジョージア州立大学言語研究センターのサベージ–ランボー（S. Savage-Rumbaugh）が言語能力の研究に用いているカンジという10歳のオスのボノボは，両手で石を投げつけて割り，その破片をナイフのように用いてロープを切った．オランウータンも同様で，野生状態でふつうにみられる道具使用行動は，棒きれで背中を掻き，雨のときに木の葉を頭に乗せて笠代わりにする程度である．しかし飼育下では，使い始めるのに時間はかかるが，チンパンジーよりも巧みに道具を使いこなす．道具使用は，1,400万年前のヒトとアフリカ類人猿の共通の祖先から受け継いできた能力であろう．しかしその能力は，実際に用いられることがほとんどなく，潜み隠れたまま世代から世代へと伝えられてきた可能性がある．チンパンジーやゴリラ，そしてボノボは，図形を用いて，驚くほどのコミュニケーションを行うことができる．このような言語能力も，野生状態では使われない「隠された行動」なのかもしれない（西田，2001）．

　チンパンジーの道具使用は，多様性や動作の複雑さ，可塑性，計画性などで，チンパンジーの認知能力の高さを示している．チンパンジーの行為は多様で，数十もの道具使用のパターンがある．石器使用やヤシの杵突き，水藻すくい，アリ・シロアリ釣り，葉による尻拭いなどがある．チンパンジーの道具使用を

研究している松沢は，道具の使い方において物と物との関係に注目し，いくつかのレベルがあることを見いだした．レベル1道具は，アリやシロアリを釣る場合で，道具は棒で対象物はアリ，関連づけのレベルは1つしかない．葉のスポンジで水を飲むのも，棒で水藻をすくうのもこのレベルであり，道具使用の大部分はレベル1である．レベル2道具は，台石とハンマー石で種を割る場合である．種を台石に置き，その種をハンマー石でたたくので，3つの物を使う．それらを正しく関係づけることで石器使用が成功する．レベル3の道具使用は「道具のための道具」で，例えば，種を置く台石を安定させるためにくさびの石を使うなどである．道具のレベルと発達的な段階とが対応し，レベル1道具は2歳前に獲得され，レベル2道具は4-5歳で獲得され，レベル3道具は6歳半にならないとみられない（松沢, 2011）．

言語能力に関する研究としては，先ほどのサベージ-ランボーが，「カンジ」が複雑な話し言葉を理解できることを示した．サベージ-ランボーは，メスのボノボであるマタタに，さまざまなシンボル（単語に相当）を教えようと毎日訓練していた．そして訓練のとき，ヒトの幼児に対するように無意識に英語で話しかけていた．マタタの養子であるカンジは，まだ赤ん坊で母親のそばにいつも一緒にいた．ある日，サベージ-ランボーはカンジが英語の聞き取りができることに気づいた．つまり，英語を教えていないのに，英語が話される環境で育てられただけで，英語を聞き取る能力を自然に身につけてしまったのである．カンジは英単語を数百語知っており，文法も理解している．ただし，ボノボの喉の構造では，人間の言葉を発することはできないので，レキシグラムという装置を使って会話する．これは，物の名前や動作などを表すさまざまな色や形のシンボルを，キーボード状に配置した会話のための装置で，コンピュータに接続されており，押されたシンボルをディスプレイ上に表示したり，どのシンボルが押されたかを自動的に記録することができる．また押されたシンボルに対応した英語の単語が音声で流れるようになっている．野外を散歩するときには，図形文字が印刷された紙をビニールシートで挟み，それを折り畳んで持っていき，どこでも会話が交わせるようになっている（サベージ-ランボー, 1993）．

チンパンジーについても，言語習得の研究が進められている．京都大学霊長

類研究所のアイという名のチンパンジーで，コンピュータで制御したキーボードによる独自の方式を使い，数や色や物を視覚性人工言語で表現できる．漢字やアラビア数字，アルファベットも導入して，言語という枠組みを超えてより広範な認知機能の研究が行われている．10までの数が認識可能なこと，色や形の認識や視力などはヒトとチンパンジーで差がないこと，逆さまに写した写真の認識はチンパンジーの方が早いことなど，さまざまなトピックが報告されている（松沢，1991）．

2.6 類人猿とヒトの系統の分岐

　中新世の化石類人猿については，1960-70年代に，断片的な顎と歯から研究が行われ，オランウータン，ゴリラ，チンパンジー，ヒトの系統が1,200-1,800万年前頃までさかのぼると考えられた．それから現在までに，多数の化石資料が発見され，中新世の類人猿が驚くべき多様性と独自性を持っていたことが明らかになった．中新世の大型類人猿（ヒヒからメスのゴリラぐらいまでの大きさ）は，30種以上知られているが，現生の類人猿との系統関係が十分に推定されているのは南アジアで発見されたシヴァピテクス（1,250-750万年前）だけである．他の中新世類人猿は，現生類人猿と共通する特徴が見いだせず，系統的位置づけが難しい（諏訪，2012b）．

　1980年代初頭までに，シヴァピテクスと現生のオランウータンがともに独特の顔面形態を有することが示され，1960年代にインドやアフリカで発見された1,400万年前のラマピテクスがシヴァピテクスのメスであることが明らかとなった．さらに，シヴァピテクスの四肢の骨が，現生類人猿が持つ懸垂型の特徴をほとんど示さないことがわかり，懸垂適応はオランウータンとアフリカ類人猿で独自に進化した可能性が高くなった．1980年代にはケニアのプロコンスル（2,100-1,700万年前），1990年代にはケニアのナチョラピテクス（1,500万年前）で全身の化石が発見された．両者とも尻尾がなく，系統的に類人猿であるものの，この2者を含めた中新世初期から中期のほとんどの種が，体幹を水平に保ち四足歩行を行う類人猿であることが明らかになった．また，1,700万年前より古いプロコンスルなどの大型類人猿は，頭骨や顎骨，歯に原始的特徴が認められる

ため，現生類人猿の系統が出現する前の進化段階の一群であるとみなされてきた（諏訪，2012b）．

ナチョラピテクスなど中新世中期から後期の大型類人猿の多くは，プロコンスルよりも進歩的な頭骨や顎骨と歯を持っている．シヴァピテクスなどユーラシア大陸で発見されたいくつかの種はオランウータンの祖先と考えられている．ヨーロッパのドリオピテクス（1,200-1,100万年前）の一群とギリシャやトルコのオウラノピテクス（900万年前）は，頭骨の形態特徴から，現生のアフリカ類人猿の祖先と位置づけされ，アフリカ類人猿とヒトの系統のユーラシア起源説の根拠となっている．ただし，ドリオピテクスやオウラノピテクスと現生アフリカ類人猿の近縁性を示すとされる形態特徴は，明確なものではない（諏訪，2012b）．

ゴリラやチンパンジーと人類が分岐したと推測される，700-1,200万年前の時代の類人猿化石は，アフリカであまり発見されておらず，人類と類人猿の分岐についてはほとんどわかっていない．この時代の類人猿化石で種として認められるのはわずかで，ゴリラ大の断片的な顎骨と歯である．ケニアのサンブルピテクス（950万年前）は，臼歯の歯冠上部が独特な形態を持ち，原始的特徴を示すが，ゴリラの系統に属する可能性もある．ケニアのナカリピテクス（980万年前）は，オウラノピテクスと近縁とされ，アフリカからヨーロッパへ拡散した可能性が指摘されている．エチオピアのチョローラピテクス（1,050-1,000万年前）は，ゴリラのようなせん断型の臼歯構造のきざしを示すため，ゴリラの系統に属するとの見解が示されている．約800万年前のゴリラの祖先の化石が発見されたことから，人類とゴリラは約1,000万年前に分化したと推定される（Katoh, et al., 2016）．

1980年代以後，遺伝子研究が進展し，DNAレベルでの比較が可能となって，アフリカ類人猿とヒトの近縁性が明らかになったが，1990年頃までは，ゴリラとチンパンジーとヒトの分岐順序は確定できなかった．1990年代に入り，ミトコンドリアの全ゲノム配列や核DNAの配列情報から，チンパンジーとヒトの近縁性が明確になった．2001年にはヒトの全ゲノム配列が明らかになり，2005年にはチンパンジーの全ゲノム配列が発表された．ヒトとチンパンジーの配列の違いは，わずか1.23％と推定され，両者の近縁性が改めて認識された．2000年代中頃までの多くの研究では，特定の遺伝子などを比較して，オランウータ

ンの分岐を 1,600-1,300 万年前，ヒトとチンパンジーの分岐を 600-500 万年前と推定した．近年の，ゲノムの部分配列情報の網羅的な解析では，オランウータンの分岐が 1,600 万年前，ヒトとチンパンジーの分岐が 450-400 万年前と算出された．現在ではオランウータンとマカクの全ゲノム配列が発表されており，単純な分子時計を当てはめると，ヒトとチンパンジーの分岐が 600-800 万年前と推定されるのに対し，オランウータンの分岐は 1,550-2,050 万年前となる．また，旧世界ザルの分岐は 2,850-3,800 万年となる．これらは，化石データの解析結果とかなりの一致が認められる（諏訪，2012b）．

　化石の記録から，妥当な分岐年代の範囲を推定することができる．最古の人類化石が 700-600 万年前であることから，ヒトとチンパンジーの平均ゲノム分岐年代は少なくとも 900-800 万年前，ゴリラの分岐は（チョローラピテクスと仮定すると）少なくとも 1,200-1,100 万年前，オランウータンはアフリカ内で分岐したとし 2,200-1,800 万年前と考えてよい（諏訪，2012b）．

3 直立二足歩行

3.1 直立二足歩行とは

　直立二足歩行とは，脚と脊椎を垂直に立てて行う二足歩行のことである．現存する生物のうち，直立二足歩行が可能な生物は，ヒトだけである．類人猿やニホンザルなどでも行うことはあるが，歩行中に膝が曲がり安定性を欠く．直立二足歩行は，人類のもっとも重要な特徴であり，骨格などもそれに適した構造になっている．脊柱を直立させ，頭部をその上端に乗せるため，大きく重い頭蓋を支えることが可能である．大後頭孔（脊髄の出口）は頭蓋底部中央に水平に位置するようになり，脊柱は頭を支えやすくなっている．骨盤は横に幅広く大きくなることで，上体を支えることができるようになり，下肢が長くなった．直立二足歩行の結果，手が自由になり，運搬や育児行動そして道具使用が進展した．直立二足歩行は，猿人の時代に獲得され，原人の時代に完成した．

　人類と類人猿は，生物学的には直立二足歩行ができるか否かによって区別される．400万年前のアウストラロピテクスは，脳容積がチンパンジーとほとんど変わらないと推定されるが，骨格化石や足跡化石から直立二足歩行を行っていたことが明らかなので，人類に分類される．アウストラロピテクスの骨盤や下肢の形が二本足で直立していたことを示し，ヒトと同じように大後頭孔が頭蓋骨の真下に開口しており，これも直立二本歩行を示すと考えられるためである．

　直立二足歩行の進化要因については，さまざまな仮説がある．たとえば，移動効率，両手が自由になることによる食料運搬，遠くを見渡すこと，性淘汰，

体温調節，水中歩行（水生類人猿説）などがあるが，決定的なものはない．

3.2 直立二足歩行の利点と欠点

　他の動物の四足歩行と比較すると，ヒトの直立二足歩行にはいくつかの利点がある．まず，頭部が直立した胴体の直上に位置することにより，大きくて重い頭蓋を支えることが可能になる．類人猿の3倍の脳を支えることができるのは，直立二足歩行だからこそ可能なのである．体重に対する頭部の重量の比率は，全動物のなかでヒトがもっとも大きい（ただし，体重の軽いマーモセットでは相対比がヒトより高い，2.1節参照）．ヒトは体重に比して巨大な脳容積を得ることができるようになり，全動物中もっとも高い知能を有している．

　直立二足歩行によってもたらされる最大の特徴の1つは，手や腕（前肢）の解放である．霊長類の段階で，足指の拇指対向性によって強力な把握能力を獲得し，樹上で体を支持することが可能になり，手が解放された．さらにヒトでは，地上での歩行（移動）から手が解放され，自由に使えるようになった．手の解放により，食物や道具などの運搬が可能となる．逆に，これらの運搬のために，直立二足歩行を獲得したのかもしれない．手が常時解放されることにより，ヒトでは手の拇指対向性が発達し，親指とすべての他の指で強く握れるようになっただけでなく，親指と他の1本の指でつまんで微妙に操作することができるようになっている．

　歯や顎の変化，そして脳拡大も直立二足歩行と深く関連している．直立姿勢のため顎や歯の変化が進み，また，側頭筋や咬筋などの咀嚼筋や頭蓋を支える項筋が退化・縮小したため，頭蓋への圧力が減少し，脳の発達を促進したと考えられるからである（蔵田，2003）．

　一方，ヒトの直立二足歩行には，多くの弊害も生じる．直立姿勢によって臓器が下方に垂れ下がるために，痔や腰痛，胃下垂，ヘルニアなどの疾患に罹患しやすい．膝への負担が大きいため，種々の障害を引き起こす．ふくらはぎのむくみもヒト特有のものである．直立姿勢は巨大な頭部を支えるためには必須であるが，首が細くて弱く，頭部の動きは制限される．重い頭部が高い位置にあるため，バランスがくずれやすく，転倒する危険が高い．後方に倒れると，

後頭部を強打してしまう．攻撃に弱い胴部，喉や心臓，腹部，股間等を常に前面にさらした姿勢となる．

　内臓を保持するために骨盤は発達するが，産道が狭くなるため出産が困難となり，胎児は小さく未熟な状態で生まれてくる．四足歩行と比べて不安定なため，高度な身体能力を体得する必要がある．直立二足歩行を習得するには，長期間の訓練を必要とし，生後半年ほどで這い歩き（四足歩行）ができるようになってから練習を重ね，生まれてから1年程度の時間を要する．

3.3　直立二足歩行による身体的変化

　ヒトの直立二足歩行でのストライド歩行というのは，左右の脚を交互に踏み出す運動の反復が途切れず続くものである．脚を踏み出すときは，親指で地面を蹴って膝を軽く曲げて脚を前に振り出し，そして膝を伸ばして踵から着地する．着地した脚は膝を伸ばしたまま体重を支え，もう一方の脚を振り出す．この間，体は絶えず前方へと移動し続ける．全身の筋肉の協調運動を可能にした運動神経中枢が発達することで，直立二足歩行が可能になったのである．

　人体には，ストライド歩行に適した特徴が多く認められる．直立二足歩行に適応して変化した主なものは以下のようにまとめることができる．

1）高さが短く幅広い骨盤と傾いた大腿骨

　直立二足歩行のためには，骨盤が大きく変形しなければならない．直立することにより，ヒトの骨盤は上半身の体重を受け止め，下肢に伝える役割を担っている．上半身を支えつつ二足で歩行するために，大腿部の筋肉が発達し，骨盤が筋肉の付着部となる．このため，ヒトの骨盤は前と横に張り出し高さを減少した．したがって，ヒトの骨盤は高さが低く幅広いのが特徴である．骨盤は，左右1対の寛骨，仙骨，尾骨で構成され，寛骨の前方は恥骨結合でつながり，後方では仙骨を挟んで連結している．これらの骨はいずれも成長とともに癒合し，寛骨は腸骨・坐骨・恥骨が17歳頃に一体化して1個の骨となったものである（図3-1）．骨盤の主要構成骨である寛骨の形は，チンパンジーなどの類人猿とは大きく異なっている．骨盤の後面は，直立二足歩行を行うため，筋肉が

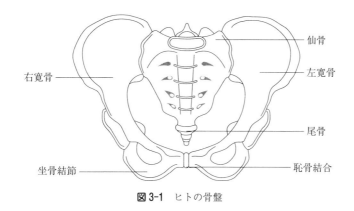

図 3-1 ヒトの骨盤

発達して臀部を形成する．臀部は，他の霊長類にはみられず，ヒト独特の形状である．

　一般的な哺乳類では，寛骨の一部や腸骨が上下に長い．ヒトの場合，上下方向が短縮し前後に長い．これは前後のバランスを保つために有利に働く．大腿骨は，体の正中に対して平行ではなく，下方に向かうに従い正中線に近くなる．一方，座骨は正中に対してほぼ平行になる．結果として，膝は「く」の字型になる．ヒトは，歩くとき片足の状態になるので，片足でバランスを保つ必要がある．足が正中に近い位置にあることで，片足で直立姿勢を維持することが可能となる．

2) 脊柱のＳ字状湾曲

　胴の部分の変化では，脊柱が軽く前後にＳ字状に湾曲をして，上下の衝撃を緩和するバネの働きをしている．歩行時に踵から着地したとき，衝撃が脳に伝わることを和らげる．また，胸郭も扁平になり，重心は後方へ移動している．

3) 下肢の発達と関節面の拡大

　直立二足歩行を行うため，上肢に比べて長くて頑丈な下肢が発達する．ただし，初期の人類では地上とともに樹上生活も行っていたため，下肢が長く発達していない．ヒトの下肢は，上肢よりも長い．霊長類一般では上肢がやや長く，類人猿では上肢が非常に長いのが特徴であり，この下肢が長いことはヒトの大

きな特徴である．また，膝関節は真っ直ぐに伸ばすことができるので，歩行時に左右の膝が接近して横揺れを防ぐ．

4）平たい足すなわち親指が他の 4 指と並ぶ

　ヒトの足は，きわめて特徴的である．足部内側の骨の連結がアーチ状をなし，土踏まず（足底弓蓋）を形成するため，この骨のアーチがばねとなり，足の運びを円滑にする．土踏まずにより体重が分散するため，血管や神経が押しつぶされるのを防ぐ利点もある．アーチ形成のために足根骨が発達し，とくに踵骨は大きく発達する必要がある．類人猿では，下腿の歩行筋であるふくらはぎの筋肉（大腿三頭筋）は，直接中足骨についているが，ヒトでは下腿部でアキレス腱となり踵骨についている．足は歩行のためだけに使われ，枝などを把握することがないので，親指は太く他の指と同じ方向に向き，足指の拇指対向性が喪失している．

5）頭骨の大後頭孔が頭蓋底の中央に開いている

　大後頭孔の外側にある 1 対の突起で，脊柱と頭蓋とを連結する後頭顆の位置にも変化がみられる．哺乳類では，後頭顆が頭蓋の後ろ側に位置しているが，ヒトでは大後頭孔や後頭顆の位置が頭蓋底の中央近くに位置するようになった．これによって，強大な筋肉を使わずに，頭を支えることができる．頭蓋底の部分は壊れやすく化石では保存されにくいが，残存している場合は，この特徴が初期人類の直立二足歩行を判定する指標の 1 つとなる．

3.4　直立二足歩行の起源

　ヒトの直立二足歩行の進化は，人類の起源を解明することによって明らかになる．類人猿と人類の共通祖先の身体移動様式（ロコモーション）は，現生の類人猿のような，樹上生活による枝わたりや地上生活でのナックル歩行であったと推測される．ただし四足歩行の霊長類でも，木登りのときには直立姿勢をとる．チンパンジーなどは，ナックル歩行で手を使って移動する（三足歩行）が，両手を上げて一時的に二足歩行をすることが観察されている．直立二足歩行の

起源には，つねに直立二足歩行を必要とするような生態的情況を考える必要がある．環境条件が重要であり，森林環境での樹上生活から開けたサバンナでの地上生活への移行の条件を解明しなければならない．人類起源の化石人骨の発見だけではなく，その生活環境の復元が重要である．

人類起源の化石人骨では，440万年前のアルディピテクス・ラミダス（4.5節参照．以下学名については巻末の付表を参照）の研究によって，ある程度具体性を持った仮説が提示されている（諏訪，2012d）．共通祖先からヒトとチンパンジーが分岐したときに，直立二足歩行の獲得と犬歯小臼歯複合体（犬歯とそれを研ぐ小臼歯）の機能が失われた．直立二足歩行は，採食の生態や社会行動，繁殖方法など多岐にわたる環境適応の一環として生じたと推定されている．

初期猿人のサヘラントロプス（4.2節参照）は最古の人類化石であり，頭骨と顎骨および歯が発見されている．大後頭孔が比較的前方に位置しているので，直立二足歩行をしていたと考えられる．オロリン（4.3節参照）は，歯と顎骨および四肢骨が発見され，とくに大腿骨が重要である．大腿骨の1つは骨頭を含めて全体の半分以上が保存されており，長い頚部後面には股関節の過伸展によって形成される腱の圧痕があり，直立二足歩行を行っていたことを示す．アルディピテクス・カダバ（4.4節参照）は歯と顎骨，四肢骨が発見されており，ラミダスと類似するため同属とされている．

ラミダスは，100点以上の化石人骨が発見されている．とくに「アルディ」の名称で知られる骨格化石により，体の大きさとプロポーションならびに各部位の機能的特徴が明らかにされている．こうした人骨化石に加え，当時の古環境に関する情報も多く得られている（詳細は4.5節参照）．

ラミダスの骨盤は，樹上性と直立二足歩行の両方に適応的な構造を示している．骨盤上部（腸骨）は上下に短く，幅が広くて，アウストラロピテクス的である．骨盤下部（坐骨）は類人猿やサルのように長く，四足歩行に適した形状で，木登りのときに強い蹴り出しが可能である（図3-2）．大腿骨には，アウストラロピテクスとは異なる筋付着の跡がみられ，下肢の筋骨格構造が直立二足歩行に完全には移行していなかったことを示している．このような骨盤と下肢の形態は直立二足歩行の不完全さを示し，ラミダスの骨盤の保存状態があまり良くないこともあり，ラミダスは人類の系統に属さないかもしれないとの疑問

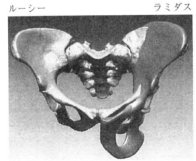
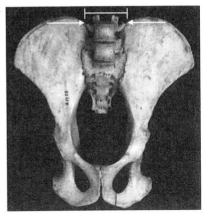

図 3-2 ラミダスの骨盤（諏訪, 2012c）
左図の左半分はルーシーで，右半分はラミダスの復元標本である．ルーシーやラミダスの骨盤は，上部（腸骨）が上下に短く，ヒト的である．ラミダスの骨盤の下部（坐骨）は，右図のチンパンジーと同様に長い．

が生じる．しかし，ラミダスの骨盤の重要な形態特徴は，保存状態や復元によらず確認できており，アウストラロピテクスとの類似に間違いはない．ラミダスのモザイク状に特徴を持つ下肢と骨盤は，直立二足歩行と樹上性の両方が維持されていたことを示している（諏訪, 2012d）．

　ラミダスは直立二足歩行を行っていたものの，衝撃吸収や蹴り出し効果において，アウストラロピテクスより劣っていた．それは速度の限界をも意味するが，それ以上に歩行や走行によって，関節が消耗を重ね，けがをしやすくなることが進化的に重要である．ラミダスの直立二足歩行は，アウストラロピテクスより完成度が低いといえるが，必ずしも原始的ではない．ラミダスは，類人猿のような腰と膝を曲げた歩行ではなく，脊柱をS字状に湾曲させて体幹を直立し，腰と膝をヒトのように進展して歩いていたと考えられる．

　ラミダスの腕と手は，さまざまな姿勢の把握を可能にする柔軟な関節構造を持っている．注目すべきなのは，足も手と同様に拇指対向性を示すことで，足で枝などを把握することができ，手足を使う樹上生活に適応していた．ただし，現生の大型類人猿と異なり，腕や手はあまり長くはない．これらの特徴は，現生のアフリカ類人猿の移動様式である，懸垂運動とナックル歩行への進化とは

異なる方向に進んだことを示している（図3-3）（諏訪, 2012d）．

ラミダスは，直立二足歩行への適応と樹上生活に適した体構造を合わせ持っていた．類人猿との共通祖先から分岐し，後のアウストラロピテクス属（地上直立二足歩行）につながる移行的な進化段階を示している．つまり，樹上生活への適応を維持すると同時に，地上での直立二足歩行への適応にも対応していた．現生の大型類人猿よりも果実食への依存が低く，雑食型の食性を発達させていたと推測される．雑食性によって，現生類人猿の生息する森林環境を離れ，森林辺縁部や疎開林環境に進出したのであろう．直立二足歩行は，サバンナ環境において，地上に散在する食料資源の効率的な探索と運搬に適している．

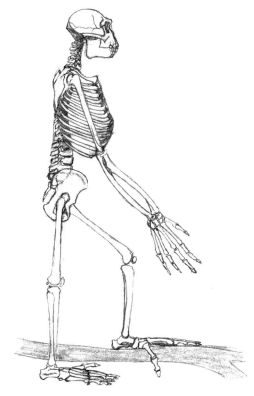

図3-3 ラミダスの骨格
身長 120 cm，体重 50 kg．

アウストラロピテクス属は，1924年に南アフリカでアフリカヌス（5.6節参照）が最初に発見され，現在までに多くの化石資料が蓄積されてきた（5.1節参照）．とりわけ重要なのは，エチオピアのハダールで1974年に発見された保存状態の良い化石人骨で，「ルーシー」という愛称で呼ばれ，その骨盤は直立二足歩行を示す決定的な証拠となった（図3-4, 5.5節参照）．さらに，タンザニアのラエトリで1978年に発見された足跡化石は，人類の二足歩行による踏み跡を直接示す貴重な証拠である．

ラミダスと比べると，アウストラロピテクス属全体に共通する特徴は，①地

3.4 直立二足歩行の起源　57

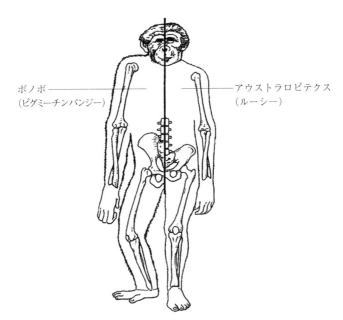

図 3-4 ボノボ（左）とアウストラロピテクス（右）の比較（Zihlman, 1982）
左半身のボノボと右半身のルーシーの比較．頭部は同サイズ，ルーシーの骨盤は幅広い．脚の長さは同じだが，ルーシーの大腿骨は内転して，足は前方を向く，二足歩行型．ルーシーの肩は下がり，ボノボより上肢は短いが，ヒトよりは長い．

上における直立二足歩行への特化，②樹上適応の実質的な放棄，③臼歯列の増大など咀嚼器の発達，④犬歯のさらなる縮小と切歯化，⑤開けたサバンナ環境への進出，⑥体サイズの雌雄差の増大，⑦脳の大きさのわずかな増大（400-550 cm^3）である（諏訪，2012a）．アウストラロピテクス属は比較的完成した直立二足歩行を行い，開けたサバンナ環境で地上生活に適応したと解釈される．樹上生活にむかない足に変化したことが意味するのは，夜間に肉食獣が襲撃してくるのを避けて安全に眠るために樹上にベッドをつくるのをやめたということである．安全な森林を離れて，危険なサバンナでの直立二足歩行生活に移行した要因を解明することはきわめて重要である．

脳が2倍に拡大したホモ属は，「頑丈型」ではないアウストラロピテクスから進化したと考えられている．この系統は，アナメンシスからアファレンシス，アフリカヌス，ガルヒへと進化した（第5章参照）．約250万年前のガルヒは，

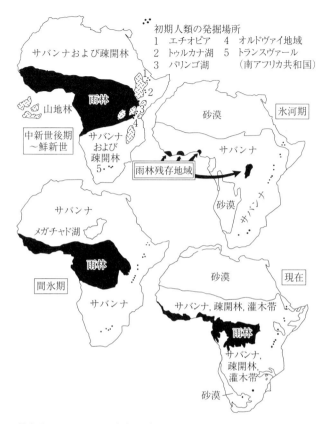

図 3-5 アフリカの環境変化（Johanson and Shreeve, 1989 を改変）

アナメンシス—アファレンシスの系統から派生し，「頑丈型」ではないものの臼歯列がきわめて大きい．ガルヒは石器を使用して肉を切り取り，骨髄を食べる肉食を行っていた可能性が高い．他方で，肉食の始まりも示し，石器使用は知能の発達を示唆している（5.7 節参照）．直立二足歩行によって自由度を増した手によって，石器を使用する生活が始まったと考えられる．

環境要因の大きな変化も留意しておく必要がある．250 万年前頃から氷河期が始まり，アフリカの内陸部では乾燥化が進行して季節性が増大した．長距離移動を余儀なくされ，直立二足歩行の完成へとつながったと考えられる（図3-5）．

3.4 直立二足歩行の起源

打製石器は最古の260万年前の資料が発見されており，約230万年前までに東アフリカで分布が拡大した．東アフリカでは240万年前頃から，ホモ属の可能性のある断片的な歯や頭骨片が発見されており，190万年前頃からは脳容積の増大と咀嚼器の縮退傾向をともなったホモ属化石が出土している．その後，打製石器をともなった道具使用行動が進展し，ホモ属における急速な進化が勃発する．

3.5　直立二足歩行の起源仮説

　人類の起源に関する最初の理論を著したのは，生物進化論を確立したダーウィン（1871）である．アフリカの類人猿とヒトの類似性を指摘して，人類はアフリカの類人猿に近い祖先からアフリカで誕生した可能性が高いことを示唆した．また，ヒトが類人猿と異なる特徴を抽出し，それらが自然選択によって獲得されることを論じた．ダーウィンの指摘したヒトの特徴とは，直立二足歩行，道具使用，高い知能，高い社会性，小さな犬歯の5つにまとめられる（黒田他，1987）．ダーウィンの指摘のなかで，直立二足歩行と小さな犬歯は，ヒト化（ホミニゼーション）の主要因であり，人類の起源を判定する基準である．道具使用はヒトと類人猿の共通祖先から行われていたと考えられ，現生のチンパンジーでも多数の使用例が報告されている．使用する道具が激変するのは石器利用の開始からで，250万年前のガルヒ以降である．知能に関しては，脳容積は猿人段階では類人猿と同程度で，ヒト属の始まり（ホモ・ハビリス，第6章参照）から脳拡大が起こり，原人段階で2倍に拡大した．そして，旧人や新人段階で，3倍に達することになる．つまり，高い知能は人類の起源とともに現れたのではなく，人類進化に伴って飛躍的な発達をとげた．類人猿の社会は，第2章でも見たように，テナガザルがペア型，オランウータンが単独生活，ゴリラが単雄複雌集団（複雄もある），チンパンジーやボノボが複雄複雌集団と，きわめて多様である．ヒトの社会は，群れ型と家族型の両方の特徴を持ち，地域集団と家族からなる多層的で複雑な構造に発展する．脳拡大による知能の進化に伴って，高い社会性も急速に発達したと推測される．なお，人類起源の社会に関しては，数百万年前の化石人骨や遺跡資料から社会構造を明らかにするのはきわ

めて困難である．

　1960年代になって狩猟仮説が提唱され，直立二足歩行の有利性が論じられた．狩猟仮説は，東アフリカにサバンナが拡がり，草食である有蹄類が増加し，それを狩猟するために，人類はサバンナへ進出して直立二足歩行をするようになったとする説である．さらに，狩猟が難しいとしても，屍肉あさりによって肉を得ることは可能であるという説もある．サバンナでの移動においては，四足歩行より二足歩行の方がエネルギー効率の良いことを重視する考え方でもある．ヒトは，四足動物より走るのは遅いが，ゆっくり歩くときやマラソンのように長時間走るときにはエネルギー効率が良くなり，獲物を追い続けることができる（エネルギー効率説．詳細は後述）．しかし，狩猟仮説には致命的な欠点がある．狩猟のために必要な石器が出土するのは約260万年前で，初期猿人や猿人段階では石器が発見されていない．さらに，猿人の歯には肉を食べた証拠が見つからないのである．歯の咬合面の微細な傷跡の研究によれば，大きな臼歯を持つ猿人は主として植物性の硬い食物を食べていた．肉食を行っていた可能性が高いのは，約250万年前のガルヒ以降である．肉を習慣的に食べるようになるのは，原人の段階になってからと考えられる．

　直立二足歩行の起源のその他の説明には次のようなものがある．①二足で直立していると草原の上に首を出すことができ，捕食者を警戒できる，②威嚇，③穀粒を食べる習慣（種子仮説），④食物の運搬などである．最後の説明④には，運搬者が「採集者としての女性」という仮説（女性仮説）と「食物供給者としての男性」（男性仮説）という仮説とがある．採集者としての女性仮説は1970年代に提案されたもので，従来の動物の肉を獲得するという男性活動に代わって，植物を採集する女性活動こそが重要な要因とするものである．採集用の掘棒（根菜などの地表面下食物の採掘用）や食物を運搬するために，直立二足歩行が必要になったと考える．現生のチンパンジーのメスたちが子どもと一緒に食物あさりをしているときに，オスたちは周辺に離れているという状況が観察される．女性仮説は，初期の人類において，類人猿にみられるような採集者としての女性の役割を十分に考慮している．そして，食物を運搬して子どもたちと分け合う必要性に注目している．人類の祖先は採集活動で道具使用を発達させたが，もっとも重要な道具は，果実，蜂蜜，昆虫，小脊椎動物など，手では多くを運

びにくい採集物を運搬する入れ物であったと推測する．母親にしがみつく能力をなくしつつあった赤ん坊（直立二足歩行のため足が変形した）も重要な運搬対象だったにちがいない．

　もう1つの男性仮説も運搬に注目しており，直立二足歩行に社会的な意味を見出そうとした．ラブジョイ（O. Lovejoy）が1981年に発表した仮説は，初期人類が不安定な食物供給と危険な外敵の多い環境に暮らしていたとするならば，出産間隔を短縮して多産になることが有利になったとする．たとえ子どもが頻繁に死亡しても，短期間で再生産が可能なら人口を維持できる．しかし，自立できない子どもをたくさん抱えたら母親の負担が大きくなる．寒冷・乾燥の気候の下で断片化した森を移動して食物を探す生活は厳しい．そこで，厳しい状況下にある母親と子どもに食物を運搬するオスが重要となる．ただし，オスがどんな母子にも食物を供給したわけではなく，自分の子どもと確信できる場合に，食物をもってくる動機が高まっただろう．オスによる食物の運搬は，特定の雌雄間の持続的な配偶関係を促進したとラブジョイは推測した．直立二足歩行は手で食物を運ぶことを促進し，オスと特定の母子の間の絆を深め，家族の形成につながったとするこの仮説では，男女間の絆と貞節が重視されるとともに，オスが運ぶ食料の重要性も前提とされる．社会性として，ペア型が優位になり，一夫一婦になったら，運んで来た食物の栄養の恩恵は，ペアとなっているメスとその子どもが受ける．すると，その行動をとるオスの遺伝子が残り，一夫一婦的な社会性を持った霊長類になるというモデルである．メスは短い間隔で子どもを産むことができ，出産率が低い類人猿に対して優位に立つことができる．この場合，男性が養うのは自分の子どもであるときにのみ有効に作用するので，絆と貞節が重要な要因となる．このモデルでは，直立二足歩行，一夫一婦的社会行動，運搬，ヒト特有のメスの発情や排卵期があいまいになるというさまざまなことがうまく説明でき，1つのパッケージとして進化するというモデルである（諏訪・山極, 2016)．

　この説が発表された当初，初期人類の体格に大きな性差があることを理由に強い批判を受けた．ラブジョイは初期人類に単婚の社会を想定していたから，オスとメスの体格差はテナガザル程度に小さくなければならない．ところが，アウストラロピテクス属は現在のゴリラに匹敵するほど大きな性差（1.6倍）が

あるとされ，単雄複雌の社会であったであろうと考えられたからである．だが，ラブジョイはアウストラロピテクスの雌雄差を詳しく調べ，現代人並の性差だったことを指摘している（山極，2008）．

　ラブジョイの運搬説にはまだ多くの問題がある．植物食だった初期人類に運搬できるような価値のある食物の存在が疑問視され，手で運べる運搬量を考えると，母子を養うのは難しいことなどである．根茎類は初期人類が運搬した食料の有力な候補である．現生の狩猟採集民は，熱帯雨林に暮らすピグミーも砂漠に暮らすブッシュマンも根茎類を主な食料としており，掘棒で巧みに固い地面を掘る．初期人類が掘棒を使って根茎類を掘り出していた可能性はあるが，確たる証拠を得るのは難しく，特定の雌雄の持続的な絆にもとづく家族の成立の時期は，ラブジョイの想定した時代よりずっと後だったかもしれない．しかし，食物の運搬が類人猿にはない社会性を促進したことは考えられる．なお，現生の類人猿は食物の分配をすることがあっても，決して食物を運搬しない（山極，2008）．

　直立二足歩行を説明する仮説は多数あり，さまざまな分野や視点からまとめられている（渡辺，1985；黒田他，1987；ルーウィン，1993，2002；島，2003）．そのなかで，エネルギー効率説，日射緩和説，ディスプレイ説などが注目される．エネルギー効率説は次のような説である．直立二足歩行は，時速4 kmぐらいでゆっくり歩くと，四足歩行よりもエネルギー効率がよくなり，長い距離を歩くほどエネルギーの節約率が上昇する．初期人類は長い距離をゆっくり歩くような生態条件で直立二足歩行を発達させたと考えられる．初期人類が暮らしていた環境は，熱帯雨林の中ではなく，森林が小さな断片状に散らばり，その間には草原が拡がる環境だった．1つの小さな森林だけでは必要な食物を得ることができないので，いくつもの森林を利用することになり，遊動域は広くなる．広域を歩きまわるには，エネルギー効率の高い直立二足歩行が有利になったと考えられる（山極，2008）．

　日射緩和説は，暑熱に対する適応である．日射の強く当たる地上では，地表からの照り返しを受けて体温が上昇する．直立姿勢によって，太陽光の当たる身体部分を最小限にし，地表の熱気を避け，風を受けて体温が上昇するのを抑えることができる．体毛がなく汗腺が発達しているというヒトの特徴も，暑熱

に対する適応である（山極，2008）．

　ディスプレイ説は，現生のアフリカ類人猿が誇示行動をするときに，二足で立つことから類推した説である．ゴリラは立ち上がって両手で胸を叩き，チンパンジーは板根や幹を叩く．立ち上がることで大きく見せ，外敵に立ち向かうことができる．チンパンジーは石を投げることもあり，複数のオスがいっせいに立ち上がって攻勢に出れば，ライオンやヒョウに対抗できるかもしれない（山極，2008）．しかし，石器などの武器もなく，攻撃に弱い胴部・喉や心臓・腹部・股間などを前面にさらした姿勢で外敵を撃退できるかどうかは疑問である．初期人類は犬歯が縮小しており，外敵に対する防御や仲間との争いに犬歯を使用しなくなったことを考えれば，攻撃性は低いと判断すべきであろう．

3.6　直立二足歩行の環境要因

　直立二足歩行について，生態学（エコロジー）の視点から考察してみよう．地球が寒冷化すると，その後は降水量が減少して，乾燥した時期に変わる．熱帯地域では季節的に乾燥が進行し，熱帯雨林や亜熱帯雨林が縮小してサバンナが拡大する．アフリカにおけるサバンナの出現と広がりは，ヒト科の進化の主要因と考えられる．

　サバンナに適応しているヒヒは，さまざまな植物の地下器官を手で掘って食べる．あく抜きをしないと食べられないものが多いが，ヤムイモなどその必要のない種もある．中央アフリカの半落葉樹林でとれるヤムイモは1年中利用できる上に無毒で，アカピグミー（ピグミーの一部族）の縄張り（$50\,km^2$）の中で年間5トンの収穫できる．さらにバカピグミーの住むカメルーンの半落葉樹林では，ヤムイモの現存量はこの6倍である．ヤムイモの地下器官は乾季に対する適応でなく，大木が倒れたときに直ちに茎を伸ばし，葉をつけて成長するための適応らしい．そうであれば，乾燥森林に出る前から，人類の祖先はヤムイモを食べる習慣をもっていた可能性が高い（西田，2007）．

　現生猿類から類推すると，類人猿段階の採食用具として問題になるのは棒のたぐいであって，具体的には，いわゆる"アリ釣り"（アリ採食）用の棒と，掘棒の2種である．現代狩猟民の女性や子どもの狩猟，すなわち小動物の個人猟

に用いられる武器ないし道具は，男性の道具より単純であって，子どもの場合はありあわせの石や木の棒など，女性の場合は掘棒（先端を鋭くとがらせた棒なので，植物採掘と兼用で槍にも棍棒にもなる）が一般的である．ブッシュマンなどの狩猟民が食用に獲る乾燥地域の小動物は，トカゲ類やネズミ類のように穴居性のものが多く，穴居性小動物の捕獲には掘棒が使われる（渡辺，1985）．初期猿人の段階で，根菜類の採取用具および小動物の捕獲猟具として掘棒が使われたと考えてよい．

　これらのことをふまえると直立二足歩行は閉鎖的な森林の中で始まっていた可能性が高い．森林にはヤムイモなどの根菜類が多量にある．ヒトがこの豊富な地下資源を掘り出すのに，両手だけではなく，掘棒という重要な道具を使用し始めた可能性は高く，季節性のある森林で，乾季に直立二足歩行によって自由になった手に掘棒を握って，豊富な根菜類を採取するという生活様式が定着したと考えられる．この掘棒による根菜採取の生活様式は，サバンナに進出したアウストラロピテクス属でも継続し発展した．サバンナの多数の草食動物は，根菜を掘り出して食べることができない．できるのはヒヒなどに限定され，掘棒という道具を使うヒトは，非常に有利な生態的地位を得ることができた．

　サバンナは乾季と雨季が明確で，樹木はまばらにしか生えていないため，サバンナに進出することは樹上から地上へと生活が変わることを意味する．地上生活は肉食獣（捕食者）に狙われる危険性（捕食圧）が高くなるので，地上性の動物は捕食者対策が必要になる．捕食者に対する適応としては，体のサイズの大型化，逃走速度の上昇，個体数を増やして集団を大きくする，などがある．捕食者は体の大きい獲物を避けるし，捕食者より早く走れば逃げられる可能性が高まる．

　また，大きな集団は捕食者に発見されやすくなるが，犠牲になるのは少数に限られるので，個体群レベルで判断すれば有効な適応とみなすことができる．サバンナに生息する霊長類のなかでもっとも体が大きいのは，ヒヒである．現生のヒヒの捕食者は，ヒョウやライオンといった夜行性の大型肉食動物である．ヒヒの被捕食率は7％程度で，地域による差が大きく，ヒヒの集団サイズが大きいほど被捕食率は小さい．ヒヒは捕食者対策として，速く走るのではなく，体を大きくし，集団サイズも大きくする戦略をとっている（松本，2013）．直立

二足歩行をした初期人類も速く走る能力は低く，体のサイズは大きかった．ヒヒと同じように集団のサイズを大きくすることで，捕食者に対抗していたと考えられる．しかし，体が大きくなると必要になる食物の量は増すので食料源の確保が課題となる．集団のメンバーが多くなると，集団内でも食物資源をめぐる争いが生じやすくなるので，社会や家族のシステムが発達したであろう．

3.7　直立二足歩行の人類生態学

　母親にしがみつくことができない無力な赤ん坊を育てるには，直立二足歩行が重要な役割を果たしたと考えられる．座って母乳を与えるなら，直立二足歩行は必要でないが，歩いて移動しながらの授乳には直立二足歩行が不可欠である．無力な乳児を育てる母親の育児負担は大きいが，周囲に直立二足歩行で両手の自由になった仲間がいれば，子どもの世話を任せておいて，母親は食事に専念することができる．また，手が自由になれば，ヤムイモなどの根菜類や穴居性小動物を，両手や掘棒を使って掘り出して食べることができるので，母親の栄養状態が良好になる．母親の健康状態が良好に維持されれば，母乳を十分に与えることができ，乳児の成長も良好となる．

　森林から離れているときには，肉食獣に襲われる危険性が高く，とくに子どもは狙われやすい．肉食獣から子どもを護るには，両手で子どもを抱えたり，背に乗せたりして危険を避ける必要がある．なんとか森林にまでたどりつければ，安全な樹上に逃げることができる．また，日常生活の多くの場面でも，子育てには，自由に両手を使うことが有利である．直立二足歩行が子どもを無事に育てることに有利に働けば，乳幼児死亡率の上昇を抑え，人口増加率の低下を防ぎ，人口が安定する．場合によっては，人口増加に結びつく．

　肉食獣や猛禽類の捕食を免れる安全な森林環境では，死亡率が低く保たれるので，出生力は低い方が人口は安定する．すみ慣れた，安全で食料豊富な森林環境から出ていくには，出ていかざるを得ない理由があったはずである．森林にとどまれない理由とは，人口が増えて食料不足や環境悪化が深刻化したためであると考えるのが妥当である．人口増加モデルでいえば，指数関数的に増加してきた人口が，森林環境の環境収容力（K）を超えた状態になったとき，人

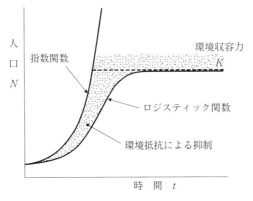

図 3-6 人口増加パターン（大塚他，2012）

口は激減し，絶滅へと向かう．それを避けるには，環境収容力に余裕のあるサバンナで生活することである．ただし，サバンナでは大型肉食獣に捕食されて，死亡率が高くなる可能性が高い．しかし，たとえ死亡率が高くなっても出生率が高ければ，人口増加率は負にならずに人口を維持できる（図 3-6）．

現生のチンパンジーの人口再生産パターンは，現生のヒトと類似しているが，授乳期間はヒトの 2 年に対して，チンパンジーは 4 年と長い．授乳中の母親はホルモン作用により妊娠しにくい状態になるので，授乳期間の違いを反映して，チンパンジーの出産間隔はヒトよりも長くなっている（大塚，2015）．なお，チンパンジーの生涯出産数の平均値は 4-5 である．類人猿は長い授乳期間によって出産間隔が長くなり，出生力を低く保っていると考えられる．

動物の母親による世話には，授乳，給餌，保温，運搬，保護，毛づくろい，訓練などの行動が含まれる．母親以外の個体が，赤ん坊を一時的に世話することを子守行動といい，姉兄や父親が世話をすることが多い（授乳を除く）．霊長類の赤ん坊は，手や足で母親の毛を把握することができるので，母子の移動は難しくはない．一方，初期人類の赤ん坊は，足そして手も母親の毛を把握することができなかった可能性が高いので，直立二足歩行によって自由になった両手を使うことが重要となる．短時間なら，片手で抱いてナックル歩行でも移動できるが，長距離を移動するには二足歩行が不可欠である．歩行しながらの授乳では，両手を使わざるを得ない．母親以外の姉兄や父親による子守行動でも，

3.7　直立二足歩行の人類生態学　　67

両手の解放は有利に作用したと考えられる．肉食獣は，獲物の子どもを狙うことが多いので，肉食獣が近づいたときは狙われやすい子どもを抱えて逃走する必要がある（西田，2007）．

以上のように，直立二足歩行によって自由になった両手を使うことで，親以外のものによる子守行動が容易になり，母親の育児負担を軽減し，授乳期間を短縮させたと考えられる．多産な母親の授乳期間が短縮することで出産間隔の短縮の効果が高まると，出生率は上昇する．死亡率に変化がなければ，出生率と死亡率の差である人口増加率は高くなる．しかし，出生率上昇による指数関数的人口増加は，森林の環境収容力を超えるので，新たな環境であるサバンナに押し出す人口圧となる．

森林は，果実食や葉食などの植食動物などの1次消費者で構成され，肉食獣や猛禽類などの2次消費者のいない生態系である．これに対して，サバンナは草食動物（1次消費者）と肉食動物（2次消費者）によって構成される生態系であり，食物連鎖により安定している．サバンナ生態系に参入した人類の祖先は，草食動物としての生態学的地位（1次消費者）となり，肉食獣に捕食されるため，死亡率は上昇する．森林生態系では環境収容力が大きくないので，少産少死型で人口増加率がゼロに近い集団が安定するのに対して，サバンナでは高い出生率と死亡率（多産多死）による適応が人口安定をもたらす．

直立二足歩行によって，遠くの肉食獣を見つけて回避し，エネルギー効率の良さを活かして長時間かけて逃避し，捕食を減らすことができる．しかし，忍び寄る肉食獣による犠牲は少なくはないだろう．二足よりも四足の方が早く走ることができるので逃走は困難，犬歯が小さくて反撃は抗力なく，棒を振り回して威嚇しても，直立姿勢は弱い腹部をさらけ出すので，即座に餌食となるにちがいない．ただし，直立二足歩行は肉食獣の捕食による死亡率の上昇を緩和する要素がある．肉食獣は草食獣の群れを襲うとき，幼獣を狙う．直立二足歩行であれば，襲われやすい子どもを抱いて逃避することが容易である．子どもの死亡率上昇を抑えることは個体群レベルの適応として有利に作用する．

初期猿人の段階は，ラミダスの化石人骨で明らかになったように，直立二足歩行への適応と樹上生活に適した体構造をあわせ持っていた．樹上性を維持し続けた要因は，肉食獣が接近してきたときに，樹上に逃げるためである．とく

表 3-1 直立二足歩行の進化要因（渡辺 1985；諏訪 2014 を参考に作成）

	中新世の化石類人猿ヒト族 (Hominini)	初期猿人アルディピテクス	猿人アウストラロピテクス	ホモ属・原人ホモ・ハビリス
生息環境	森林	森林・疎開林モザイク	サバンナ熱帯草原	サバンナ熱帯草原
生態的地位	1次・2次消費者	1次消費者	1次消費者	1次・2次消費者
人口密度	高	低	低	低
ロコモーション	三足・四足歩行	樹上・地上直立二足歩行	地上直立二足歩行	直立二足歩行完成型
犬歯	大	縮小	さらに華奢	華奢
攻撃性	有（牙）	無	無	有（石器）
食性	雑食（果実・葉食）	雑食・根食	根菜食・硬物食・雑食	雑食・肉食
肉食	僅か	小動物	屍肉あさり	狩猟肉
道具使用	木片や石	掘棒	掘棒	石器・火
寝場所	無	有	有	食肉・子ども
運搬	樹上ベッド	樹上ベッド	安全な地上	安全な地上・洞窟
食物分配	小	小	中	有（家族・コミュニティ）大
集団サイズ	狭	やや広域	広域	拡大
遊動域	類人猿程度	類人猿程度	やや増大	顕著な脳拡大
脳容積	母親	母親両手・育児協力	母親・育児協力	母親・集団育児協力
育児				

生態学的な視点（エコモデル）				
個体レベル				
捕食	森林雑食	雑食・根茎	根茎・屍肉	動物・植物
被食	被食無	樹上逃避	肉食獣による被食	石器により被食減少
移動	森林内	子どもを抱いて逃避	子どもを抱いて移動	子どもを抱いて移動
個体群レベル（人口・集団）				
人口パターン	少産少死	中産中死	多産多死	多産少死
人口圧	安定人口	人口増加で森林外へ	サバンナ環境に適応	強い人口圧のため移動
出生力	低	中	高	高

人口増加率 (r) = 出生率 − 死亡率
人口増加率が一定の時は指数関数的増加パターン
環境収容力 (K) に近づくと人口増加率が減少する場合はロジスティック成長パターン

3.7 直立二足歩行の人類生態学　69

に拇指対向性の足は，枝の把握力が強いので，肉食獣の夜襲を避けて安全に眠るための樹上ベッドを利用するときに不可欠である．初期猿人は樹上逃避によって，肉食獣による死亡率の上昇を抑えていた段階であり，ある程度長期にわたって安定した人口を保っていた．直立二足歩行によって自由になった両手を使うことで，子守行動などの育児の充実により，出産間隔が短縮し，出生力が上昇した．出生率の上昇と死亡率の上昇によって，人口は少産少死から中産中死に変化したと考えられる．そして，猿人段階（アウストラロピテクス属）になると，樹上逃避の不可能な地上生活となり，死亡率の上昇は不可避となるが，それを補うだけの出生率の上昇によって安定し，多産多死へと移行した．この段階では，集団サイズが大きくなることに加えて，家族の存在を想定してもよいだろう．父親による安全確保と育児支援，家族による子守行動の充実による母親の負担軽減により，母親の多産化が促進された．肉食獣から離れた安全な場所では家族ごとに分散して採食し，掘棒による根菜類や穴居性小動物の掘り出しにより十分な食糧を得，食・栄養・健康状態が良くなった．肉食獣の接近などの危険性が高まれば，家族は集合して大きな集団をつくり逃避行動をとる．ライオンやヒョウなどの夜襲にも備えなければならない．厳しい環境ながら，安定した生活を維持できるような社会ができあがったと考えられる．サバンナ生態系のなかで，有蹄類などと同様に植食動物として，1次消費者の役割をはたし，安定した地位を獲得した．1次消費者が2次消費者の肉食獣の犠牲になることは，生態系の安定に寄与し，不可欠の要素である．

　直立二足歩行の進化要因は，渡辺（1985）や諏訪（2014）を参考にして表3-1にまとめた．

4 初期猿人

4.1 初期猿人の分類と特徴

およそ700万年前から100万年前まで生息していた猿人は，現生人類が属するヒト（*Homo*）属とは異なる属を形成する．440万年前以前の初期猿人の人類化石は，3属4種に分類されている．700-600万年前頃と推定されているチャドのサヘラントロプス（サヘラントロプス・チャデンシス，*Sahelanthropus tchadensis*），600-570万年前のケニアのオロリン（オロリン・トゥゲネンシス，*Orrorin tugenensis*），570-550万年前のエチオピアのカダバ（アルディピテクス・カダバ，*Ardipithecus kadabba*），450-440万年前のエチオピアのラミダス（アルディピテクス・ラミダス，*Ardipithecus ramidus*）である．これらの初期猿人は，開けた森から疎開林を中心に生息し，樹上性を保ちながら地上では直立二足歩行を行っていたと考えられている．続いて進化した猿人のアウストラロピテクス属は，より開けたサバンナへと生息環境を拡げ，地上性の直立二足歩行に進化した（巻末の付図）．

現在（2018年末），最古の人類と考えられているのは，サヘラントロプスである．フランスのブリュネ（M. Brunet）らが2001年に中央アフリカのチャド共和国のジュラブ砂漠で発見した，およそ700万年前の頭骨で，現地語で「生命の希望」を意味する「トゥーマイ」という愛称で呼ばれている．復元された頭骨から，脳容積は350 cm^3，身長は150 cmと推定され，直立二足歩行を行っていた可能性が高い．一緒に出土した化石から判断して，トゥーマイが暮らしていたのは，川などの水が豊かで，森やサバンナがあり，草原がモザイク状に組み

合わさった環境だと推測される（ウォン，2005）．

オロリンは，ケニア中央部のトゥゲンヒルズで発見された約600万年前の化石人骨である．数体分の化石が発見され，臼歯が大きく，犬歯は小さい特徴を示す．チンパンジー程度の大きさであり，大腿骨は直立二足歩行を示すが，上腕骨などからは樹上生活の可能性も考えられる．

エチオピアのミドルアワシュで，アルディピテクス属の猿人2種（カタバとラミダス）がアメリカのホワイト（T. White）らによって発見されている．カタバの化石は約550万年前の犬歯や小臼歯である．ラミダスは約440万年前の化石人骨で，1992年から10年以上かけて100を超える骨の化石を復元し，解析が行われた（諏訪，2006）．チンパンジーに近い体格で，身長は120 cmで体重は50 kg，脳容積は300-350 cm^{3}である．森林で主に果物を食べて暮らし，把握力のある手足で木に登り，腰を伸ばして二本足で樹上や地上を歩くこともあった．オロリンやカダバ，ラミダスは，湖畔の乾燥林や森林のなかで樹上生活をしながら，しばしば直立二足歩行をしていたと考えられる（葭田，2003）．

サヘラントロプス，オロリン，アルディピテクスの3属を初期猿人としてまとめて，人類の始まりにおいてこれら3属はどのような関係にあったのかを検討しよう．3つの属に分けられているように，人類の出現期には大きな適応放散があったと推測される．現状では，保存のよい頭骨がサヘラントロプスには発見されているが，カダバとオロリンにはなく，一方，大腿骨が報告されているのはオロリンだけである．このように，同一の部位を直接比較できていないため，3属の関係を明らかにするのは難しい．3属に共通する部位は断片的な顎骨と歯に限られ，総標本数も少ない．これらをみる限りでは，3属の間に大きな違いは認められない（図4-1）（諏訪，2006）．

これら3属に共通する点は，アウストラロピテクスのような咀嚼器の発達がみられないこと，そして犬歯と小臼歯の組み合わせが原始的な特徴を持つことである．ただし，犬歯と小臼歯の組み合わせについては，それぞれの属において断片的に知られているにすぎない．これら600万年前頃の犬歯の形態をまとめると，現生類人猿のメスの形状と似ている．つまり，犬歯については，人類と類人猿とがほぼ同じであったと考えてよい．わずかな形態特徴の指標からではあるが，サヘラントロプスとカダバは進化系統的に人類の方向に位置すると

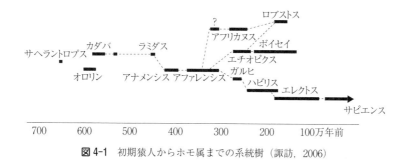

図4-1 初期猿人からホモ属までの系統樹（諏訪, 2006）

主張されている．また，少なくともサヘラントロプスとカダバでは，類人猿の剪断型の磨耗と異なる，人類的な水平磨耗を示す例が見つかっている（諏訪, 2006）．

　サヘラントロプスの頭骨は眼窩上隆起が非常に厚いので，オスだったと解釈されており，すでにオスの犬歯は小型化し，ホーニング（上下の犬歯が研がれるように噛みあわせること）機能が失われていたと推測されている．3属のいずれにも，類人猿のオス程度に大きいサイズの犬歯が1つも知られていないことから，おそらくオスの犬歯の縮小がすでに始まっていたのだろう．まとめると，初期猿人は，類人猿の祖先状態からオスの犬歯が縮小し，鋭利な刃を保つ武器としての機能がなくなり，犬歯における雌雄差が消失したと判断してよい．直立二足歩行については，十分な四肢骨標本が存在しないため，その全体像は不明である．しかし，オロリンの大腿骨は，アウストラロピテクスよりは原始的な直立二足歩行適応を示している．サヘラントロプスについては，発見者のブリュネらによると，首の筋肉が付着する後頭部と大後頭孔が下方を向いていることから，直立二足歩行が示唆されるという（諏訪, 2006）．

　次節以降ではそれぞれの初期猿人の詳細についてみていく．

4.2　サヘラントロプス・チャデンシス

　現在提案されている「最古のヒト科」のなかで最古の時代のものはサヘラントロプスで，先にも述べたように，2001年にブリュネらによって，チャド中央部のトロスメナラのジュラブ砂漠で発見された「トゥーマイ」である．ほぼ

完全な頭骨が1点と，下顎片が数点，そして若干数の歯からなる．年代はアフリカの他地域の哺乳動物相，とくに東アフリカのイノシシ類とゾウ類との比較から，700-600万年前と推定されている．

　サヘラントロプスの頭骨は，あまりに画期的な発見であったため，新しい第3の属として発表された．しかし，トゥーマイの頭骨はひどくつぶれた状態で発見されたため，直立二足歩行に疑義が持たれた．そこで，ブリュネらは医療用スキャン機器を用いてつぶれた頭骨のCTスキャンを撮り，コンピュータを使い3次元モデル化などによって歪みを補正し，仮想復元を行った．人間の判断要素が入り込まないように工夫して復元し，できあがった本来のサヘラントロプスの頭蓋模型は，トゥーマイの頭蓋が直立二足歩行を示すと判断できる根拠を与えた（ブリュネ，2012）．

　トゥーマイの特徴は，小さくて類人猿のような脳頭蓋と，大きな平たい顔をしていたことである．チンパンジーほどには顔面が前方に突出しておらず，アウストラロピテクスと比べると咀嚼器と関連する部位が小さく華奢である．頭蓋冠は低く，前頭部から頭頂部まで強く傾斜し，顔面はアウストラロピテクスやホモ属よりも鼻面が突出している．こうした形態は，類人猿的であり，共通祖先から受け継いだ，原始的な特徴と思われる．一方，現生のアフリカ類人猿よりも突顎（顔面ならびに顎部の前下方への突出）が弱く，アウストラロピテクスと同様，項平面（首の筋肉がつく後頭部）が下方を向き，大後頭孔が比較的前方に位置している．頬骨部の広がりなどには，アウストラロピテクスのような咀嚼器の発達に伴う諸形態がみられない．サヘラントロプスが人類の系統に属すると判断されるのは，後頭部や頭蓋底のいくつかの特徴がアウストラロピテクスと類似し，犬歯が小さく比較的平らに磨耗するためである．大後頭孔が中央に位置し，頭蓋は垂直な脊椎の上で平衡を保つ形態であることが，直立二足歩行をしていたと判断できる重要な特徴である．臼歯はエナメル質が厚く，犬歯は小さく退縮し，水平に減る傾向や歯冠形態の詳細から，原始的な人類祖先段階のものと判断される（図4-2）．

　一方，オロリンの研究グループは，サヘラントロプスの頭骨は化石化したときの変形について正しく見積もられていないと批判している．また，サヘラントロプスは人類ではなくゴリラなどの類人猿系統のものではないか，との意見

もあるが，根拠は弱い（諏訪，2006）．
　トゥーマイの生活については，同じ堆積層の中から見つかった魚やカメ，カバ，サル，ゾウ，キリンなどの化石から，近くに森のある，水の豊富な環境で暮らしていたと推測できる．手に入れることのできた食料資源の情報と，直立姿勢や生息地，歯の形と合わせてまとめると，サヘラントロプスは直立二足歩行をしながら，手を活用して多様な食物を入
手していたと考えられる．果物や葉，木の実，種子，根，そして昆虫やとかげなどの小さな脊椎動物を食べる，雑食の食性であったと考えてよい．

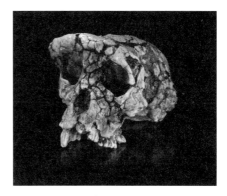

図 4-2　トゥーマイ
写真：Didier Descouens

4.3　オロリン・トゥゲネンシス

　オロリンが最初に発見されたのは，ケニア中央部のトゥゲンヒルズで，1974年の下顎臼歯1本である．この標本は，ルケイノ層の臼歯として知られていたが，人類と類人猿のどちらの系統に属するのかが不明であった．その後，2000年にセニュー（B. Senut）とピックフォード（M. Pickford）らによって，同層からさらに大腿骨片，下顎片，犬歯，臼歯などいくつかの化石が発見され，人類の系統に位置するものであることが明らかとなった．臼歯は大きくてエナメル質が厚く，犬歯は小さい．オロリンの年代は，大腿骨を含む主要標本は600-580万年前，手の指の標本1点が570万年前頃と推定された（諏訪，2006）．
　発見者らは，3点の大腿骨標本がアウストラロピテクス以上に進歩的であるという意見を発表している．しかし，臀筋群の付着形状や頸部の骨分布から，オロリンの大腿骨はアウストラロピテクスより原始的であると考えられる．一方，大腿骨頸部には，股関節を過伸展したときに生じる，腱による特徴的な圧痕がみられる．これは，オロリンが直立二足歩行を行っていた証拠となっている（諏訪，2006）．一方，オロリンの歯と顎骨片は，サヘラントロプスやアルデ

ィピテクスと類似している．犬歯は小型で，サヘラントロプスやカダバと同様に，メスの類人猿に近い形をしている．

　上半身には，上腕骨の一部に，木に登るために欠かせない筋肉が密着している部分があり，指の骨の1つが大きく曲がっている．これらの特徴は，木登りをして枝をつかんでいたことを示すものである．同じ発掘現場から見つかったのは，やや乾燥した常緑の森林環境でくらす動物の化石で，草原環境で生活する反すう動物の化石はない．全体として，オロリンの化石は，直立二足歩行をする人類が約600万年前の乾燥しつつあるアフリカ東部の森林にいたことを示唆している（タッターソル，2016）．

4.4　アルディピテクス・カダバ

　カダバは，1997-2004年にかけて，エチオピア人研究者のハイレ－セラシ（Y. Haile-Selassie）とホワイトらによって，エチオピアのアファール地溝帯，ミドル・アワッシュの西部で発見された．ラミダスが出土したアラミスから20kmほど西に位置する地点から下顎片，歯，そして断片的な上肢骨が出土している．また，アラミス近傍のアンバからは足の基節骨が1点出土している．年代は，歯と顎骨などを含む主要標本が約570-560万年前頃，足の指の標本が530万年前頃と推定されている（諏訪，2006）．

　カダバとラミダスとの違いは必ずしも明らかではなく，当初はラミダスの亜種として発表された．その後，上顎の犬歯が発見され，その歯冠は尖った三角形の輪郭を持っていた．この形態は類人猿のメスの犬歯の変異内に相当することなどから，カダバの犬歯と小臼歯の組み合わせはラミダスよりもやや類人猿的であると判断され，別種とされるようになった．足の指の骨はアウストラロピテクスと同様，背屈型の関節構造を示し，直立二足歩行をしていたことが示唆される（諏訪，2006）．

　カダバの化石のほとんどは，歯と顎の一部である．犬歯の大きさはメスのチンパンジーとほぼ同じであるが，チンパンジーほど尖っておらず，臼歯のエナメル質は薄い．頭蓋以外の部分では，腕骨の小さな破片のいくつかと鎖骨の破片，そして指の骨が含まれている．カダバの化石のなかで興味深いのは足の指

の骨である．この骨は類人猿のように大きくカーブしているが，その後ろにある骨とのつながり方が，後の時代の人類で二足歩行の証拠として取り上げられている特徴に類似している．上肢の化石は類人猿に類似しており，下半身に比べて上半身の構造が原始的であり，初期人類の特徴を示している．同じ層から出土した化石からは，木の多い環境が示唆されている（タッターソル，2016）．

4.5 アルディピテクス・ラミダス

　ラミダスが最初に発見されたのは 1992 年である．ホワイトとエチオピア人研究者のアスフォー（B. Asfaw）らを代表とする研究チームにより，エチオピアのアファール地溝帯，ミドルアワッシュ地区のアラミスで発見された．追加標本を合わせた 17 点の断片的な歯牙，頭蓋，上肢骨標本を 1994 年にアウストラロピテクス・ラミダスとして発表し，翌年にはアルディピテクス属を提唱した（諏訪，2006）．

　先にも述べたように，440 万年前のラミダスは，アラミス周辺から出土した 100 点以上の化石人骨である．2009 年にその中から多少つぶれて歪んではいるが，ほぼ完全な骨格が発見された．崩れそうな砂漠の岩から浸食された状態で見つかったため，その骨格を復元調査するまでには十数年の年月がかかった．発見地の言葉で「大地」を意味するアルディと名付けられ，体の大きさとプロポーションならびに各部位の機能的特徴が明らかにされている（図 4-3）．

　初期人類を評価するうえで重要な犬歯などの部位については，複数の標本が得られており，個体変異を考慮した評価が可能である．ラミダスの全体像に加え，古環境に関する情報も豊富であり，ホワイトらにより 2009 年に多くの知見が公表された．ラミダスの犬歯と小臼歯の組み合わせは上下の犬歯と下顎の臼歯が発見されており，犬歯の相対的な大きさから類人猿の変異内に入ることがわかっており，犬歯と小臼歯の形態特徴は，類人猿からわずかに人類へと進化した段階を示している．ただし，上顎の犬歯はカダバや類人猿のような三角形の輪郭ではなく菱形に変化しており，犬歯の切歯化がやや進んでいる．犬歯が鋭利な刃を保つ武器となる牙としては機能していなかったことがわかる．ラミダスの臼歯列は，アウストラロピテクスより小さく，エナメル質の厚さも薄

図 4-3 ラミダス (White, 2009)

い．ヒトと類人猿の判別にもっとも有効な形態指標の1つとされる第1乳臼歯は，副咬頭の発達が弱く，臼歯化していない．第1乳臼歯の発達程度はラミダスの原始的な状態を示し，ラミダスの咀嚼器がアウストラロピテクスより華奢であったことを示している（諏訪, 2006）.

他にも，ラミダスは，アウストラロピテクスとは明らかに違う特徴を数多く示している．その1つは，足の親指を大きく開く能力である．アウストラロピテクスにおいても，足の親指がわずかに開いており樹上性が議論されてきたが，ラミダスは明らかに原始的な把握性の足を持っていた．ラミダスの足にはヒトのようなアーチがなく，これは後の時代の人類と比べて，歩行時の着地と蹴り出しが効果的でなかったことを意味する．ラミダスの足は親指が短くアーチもないため，歩行時には膝とつま先をやや外に向け，側方の指を中心に蹴り出していたと考えられる．

ラミダスの骨盤も，樹上性と直立二足歩行の両方に適応した構造を示している（3.4節参照）．上肢と手は，柔軟な関節構造を持っており，さまざまな姿勢で把握することができる．また，下肢も樹上性を示している（3.4節参照）．ただし，現生の大型類人猿と比べて，上肢や手が長くなく，手首の小さな骨も補強構造が発達していない．これらの特徴には，現生のアフリカ類人猿にみられる懸垂運動とナックル歩行への特殊化がみられない．

ラミダスはさらに，先にも述べたように，全身の骨格（アルディ）が出土しているため，体の大きさを推定することができる．アウストラロピテクスでは，性的二形が大きかったと考えられているのに対し，ラミダスのなかでも大柄なアルディは，大柄なチンパンジー程度の大きさである（身長 120 cm，体重 45-50 kg）.

アルディの犬歯はラミダスのなかもで小さく，頭骨も小さく華奢である．ラミダスでは20個体分以上の犬歯が出土しており，犬歯の変異から性差の程度を推定すると，アルディはメスである．したがって，ラミダスは，体サイズの雌雄差がチンパンジーやボノボと同様に小さかったと推定される（諏訪，2012d）．

ラミダスの頭骨はやや小さいが（脳容積は300-350 cm^3），基本構造はサヘラントロプスと類似している．とくに頭骨底部がわずかながら短縮しており，アウストラロピテクス的である．これは犬歯の縮小と骨盤形態とともに，人類の系統に属する根拠となっている．ラミダスの頭骨と歯の形態特徴を総合すると，チンパンジーほどには特殊化していない．チンパンジーは完熟果実を好む食性を持っており，歯の形態（切歯の大型化，臼歯のエナメル質分布など）にもそれが表れているが，ラミダスにはそうした特徴はなく，雑食型である（諏訪，2012d）．チンパンジーの系統では攻撃性が増し，二次的に犬歯が大きくなり，顔面の前方への突出も増したが，ラミダスにはこうした兆候はまったくみられない．

ラミダスは，アウストラロピテクスのような咀嚼器の発達が認められない．ラミダスの臼歯はアウストラロピテクスよりもエナメル質が薄く，磨耗のしかたも異なる．アウストラロピテクスの臼歯は，平らに磨り減り，電子顕微鏡下で確認すると，磨耗面の傷がはっきり見える．ラミダスにはこのような傷は認められず，硬い食物や砂混じりの食物はあまり食べていなかったと推測される．安定同位体分析からも，アウストラロピテクスとは異なり，C_4植物（光合成能率の高い特有の反応経路をもち，強光下で育つ植物群）の食物をほとんど摂取していなかったことが示されている（諏訪，2006）．古環境情報とともに総合すると，ラミダスは主として森から疎開林を中心に生息し，アウストラロピテクス以後に，開けたサバンナ環境を利用するようになったと考えられる．

5 猿人

5.1 華奢型猿人と頑丈型猿人

　アウストラロピテクス属（*Australopithecus*）に分類される猿人は，体の大きさや体型ではチンパンジーやボノボに類似しているが，直立二足歩行をしていた点で大きく異なっている．頭骨は類人猿に類似しており，顎が頑丈で前に突き出し，相対的に鼻部は後退している．脳容積はチンパンジー程度の 400-500 cm^3 の大きさであったと推定されている．しかし，U字形の歯並びと大きな犬歯を持つ類人猿とは異なり，放物線形の歯並び（歯列弓）と小さな犬歯を持ち，脳頭骨が上下に高く丸みをおびている点も類人猿とは異なっている．歯にみられる特徴は，前歯が小さいことと臼歯が大きいことである．南アフリカおよび東アフリカで多数の化石が発見され，500 を超える化石標本が得られている．

　アウストラロピテクスは，1924 年に南アフリカのタウングで最初に発見された．ダート（R. A. Dart）は，翌年この子どもの頭骨にアフリカヌス（*Australopithecus africanus*）の学名を与え，アフリカヌスの模式標本（種を命名するときに指定する標本）として論文発表した（図 5-1）．以来，1930-50 年代までに，南アフリカで膨大な数の猿人化石が発掘され，アウストラロピテクスの特徴がほぼ明らかになった．1950 年代末から東アフリカの調査が活発化し，現在までに多くの化石資料が蓄積されてきた．1959 年にタンザニアのオルドヴァイ渓谷で発見され，ジンジャントロプスの名で知られる頑丈型猿人の頭骨，1970 年代初頭にケニアのトゥルカナ湖周辺で発見された 1470 番頭骨として知られる当時最古のホモ属化石などがある．さらに，エチオピアのハダールで 1974 年に全身骨格の発

見された「ルーシー」や，タンザニアのラエトリで1978年に発見された足跡化石，当時最古の人類祖先とされていたアファレンシス（370-300万年前）の多数の人骨化石などが著名である．これら1970年代以後に加速した数々の発見により，アウストラロピテクスの全体像が理解できるようになっている．

最古のアウストラロピテクス属は，420-390万年前のアナメンシス（*A. anamensis*）で，ケニアとエチオピアから発見された．その後，アウストラロピテクス属は，東アフリカ，中央アフリカ，南アフリカに広く分布するようになった．

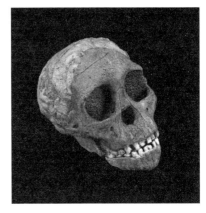

図 5-1　ダートによって発見された，アフリカヌスの子どもの頭骨．史上初めて発見された猿人化石である．
写真提供：国立科学博物館

300万年前以後になると，東アフリカでは2系統が並存し，一部は100万年前近くまで存続したと考えられている（5.2節参照）．

猿人（属ではなく，広義のアウストラロピテクス）は，アウストラロピテクス属とパラントロプス属（*Paranthropus*）の2属に分類される．猿人化石の多くは，南アフリカおよび東アフリカで発見されており，アウストラロピテクス属は4種に分けられ，その形態特徴から華奢型猿人とも呼ばれる（5.6節参照）．最古のアウストラロピテクス属であるアナメンシスはケニア北部のトゥルカナ湖東岸でマリー・リーキー（M. Leakey）らにより発見された，約400万年前の化石である．大きな犬歯を持っていたが，脛骨の関節面の形態からほぼ完全な直立二足歩行をしていたことが明らかになった．その後アファレンシス（*A. afarensis*）の出現に続いて，アフリカヌス（*A. africanus*）へと進化した（図5-1）．アフリカヌスは，今から約300万年前までさかのぼると考えられている．アファレンシスはおよそ400-300万年前に生存しており，エチオピア北東部のハダールおよびタンザニア北部のラエトリで発見されたものに代表される．ハダールで発見された非常に保存状態がよい人骨は「ルーシー」と名づけられ，その骨盤や脚の形態などから直立二足歩行をしていたことが明らかにされた．また，

ラエトリ遺跡では，およそ 350 万年前の地層から化石になった動物の足跡が発見され，その中に初期人類の足跡も奇跡的に見つかり，これも直立二足歩行を示す証拠になった．

1990 年代に中央アフリカのチャドからアファレンシスに類似した下顎骨や歯牙の化石が発見された．動物相の比較から，350-300 万年前の人骨と推定されている．発見者のブリュネらはアファレンシスとは異なる種として，バールエルガザリ (*A. bahrelghazali*) の種名を与えた（諏訪, 2006）．しかし，独立した種ではなく，アファレンシスの地理的変種の可能性が高い．

アファレンシスとホモ属をつなぐと考えられているのがガルヒである．250 万年前のエチオピアの地層から，1999 年にホワイトらによって発見された．脳容積が 450 cm^3 程度で，歯の特徴もアファレンシスに似ているが，全体に大型化している．ガルヒとは「驚き」を意味するが，それは下肢が長いことと石器を用いて肉食をしていたことにもとづいており，この技術革命と生活の変化はヒト属のホモ・ハビリス (*Homo habilis*) に引き継がれた可能性が高い．

一方のパラントロプス属は，頑丈型猿人とも呼ばれており，1938 年にブルーム (R. Broom) が南アフリカのクロムドライで発見した化石が最初で，この化石に *Paranthropus robustus* という学名を与えた．これを，ロブストスと呼ぶことにする．

パラントロプス属は 3 種に分類される．最古の種は，ケニアとエチオピア南部のトゥルカナ湖周辺で発見された 250-230 万年前のエチオピクス (*P. aethiopicus*) である．エチオピクスは，230 万年前頃からさらに特殊化が進み，約 230-130 万年前のボイセイ (*P. boisei*) に移行する．ボイセイは，ルイス・リーキー (L. Leakey) がタンザニアのオルドヴァイ峡谷で発見して以来，100 点以上の化石標本が見つかっている．南アフリカでは，180 万年前頃のロブストスが発見されているが，東アフリカのエチオピクスから派生したのか，それとも南アフリカでアフリカヌスから生じたのか，2 つの可能性が考えられてきた．最近，190 万年前頃と推定されるセディバ (*A. sediba*) が発見され，これはアフリカヌスの残存系統と考えられる．発見者らは，アフリカヌスとホモ属の間に位置する中間的な新種と解釈したが，年代が新しいため，ホモ属へ直接つながる可能性は低く，アフリカヌスの系統が 200 万年前頃まで継続したことを示し

ている．そうした証拠が増すと，アフリカヌスからロブストスへの移行は否定されるかもしれない（諏訪，2012a）．

パラントロプス属は，臼歯列ならびに咀嚼器全体が非常に発達している（後述）．咬筋が付着する頰骨が横へ強く張り出して極端に前方に位置し，顔の中央部がくぼんで皿状の顔と表される．頭骨には強大な側頭筋が付着し，眼窩の後方部が著しく狭窄し，低く傾斜した額のうしろには矢状稜（しじょうりょう）（頭頂部の前後に走る竜骨状の骨性隆起で，咀嚼力の強まりにより拡大した側頭筋の付着部）が発達する．硬い豆や草の根などの硬い食べ物への依存が高まり，硬物食を大量に食べる方向に進化していったのであろう．ただし，歯の微小摩耗痕や炭素同位体の研究では，硬い食物だけではなく，草やスゲなども食べていたことが示された（アンガー，2019）．

比較的古くから研究されてきたアフリカヌスと頑丈型猿人には，頭部の形態と体の大きさに違いがみられている．頭骨の形態は先にも述べたように，頑丈型猿人で特殊化が目立つだけでなく，前歯は小さく臼歯は大きい．脳容積は，アフリカヌスで 400-500 cm^3，頑丈型猿人で 500-550 cm^3 と，わずかながら後者が大きい．身長と体重の平均値とその範囲は，頑丈型猿人が 150（130-170）cm，50（35-65）kg であり，アフリカヌスの 130（100-150）cm，35（20-45）kg よりかなり大きい．

広義のアウストラロピテクスの種や系統の分化は，アフリカにおける乾燥化と季節性の変化増大に伴って，300 万年前以後に生じた．この時期に頑丈型の系統が生じ，それ以外の系統でも臼歯列の大型化と咀嚼器の発達が並行して起こった．それがアフリカヌスやガルヒであり，頑丈型猿人のように特殊化することなく，ホモ属の祖先系統に進化し，打製石器を製作するようになった．打製石器は 260 万年前（アファール地溝帯のゴナ）に最古の例があり，230-220 万年前までに東アフリカで分布が拡がっている．東アフリカでは，240 万年前頃から，ホモ属の可能性のある断片的な歯や頭骨片が知られており，190 万年前頃からは脳容積の増大と咀嚼器の縮退傾向を示す明らかなホモ属の化石が出土している．以後，道具依存型の適応進化が加速し，ホモ属の急速な進化となった．

一方，パラントロプス属は，脳拡大という人類進化の道からはずれ，100 万年前頃に絶滅した．

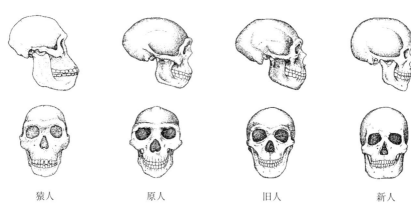

図 5-2 化石人骨の頭蓋の比較（Lewin, 1999 を改変）

5.2 アウストラロピテクス

　アウストラロピテクスの段階になり，直立二足歩行はほぼ完成した．疎林や低木，草原が混在するモザイク状のサバンナにすみ，開けた環境の利用が増加していた．このような環境のなかで，硬い食物を主食としたため，咀嚼器が頑丈となった．アウストラロピテクスの特徴である，大きくてエナメル質の厚い臼歯が発達した．アウストラロピテクスの基本的な特徴は 420 万年前頃のアナメンシスまでには出現していたらしい．アウストラロピテクスは 300 万年前頃までには南アフリカに分布域を広げた．270 万年前頃からは東アフリカで，アウストラロピテクスと頑丈型猿人の両者が生存するようになった．どちらも咀嚼器の頑丈さが増し，硬い食物への依存度が強くなっていったと考えられる（図 5-2）（諏訪，2006）．

　3 種の頑丈型猿人は，先にも述べたように，上下方向の咀嚼力がかなり発達し，そのため頭蓋骨全体が特殊な形状となった．臼歯列はきわめて大きく，エナメル質が非常に厚くなり，平坦な磨耗面を形成している．小臼歯も大型化し，咀嚼に適する形に変化した．切歯と犬歯は小型になり，比較的小さな食物をしっかりつかむ機能を果たしたと思われる．頑丈型猿人は 1 つの系統として進化した可能性が高いが，南アフリカと東アフリカとで別々に進化した可能性もある（諏訪，2006）．

海洋底堆積物の研究から全球規模の寒冷化が 300-200 万年前の間に進んだことが示されている．この影響によってアフリカでは乾燥化と季節変動が強化された．東アフリカの初期人類遺跡では，花粉分析や小動物相の変遷によって，250 万年前頃の乾燥化が示されている．この大きな環境変化によって，ガルヒから，初期のホモ属へと進化したと推測されている．

5.3　アウストラロピテクスの特徴

　アウストラロピテクスの最大の特徴は，人類であるかどうかの判断基準である直立二足歩行を示すことである．形態学的には骨盤，大腿骨，膝，足などに直立二足歩行への適応が認められる．また，5.1 節でも述べたように，タンザニアのラエトリで発見された足跡が，四足歩行ではなく，まさに直立二足歩行をしていたことを示す証拠となっている．ただし，この段階の歩行がどれだけ完成したものであるかについての判断は一致していない．膝と股関節が伸展してヒト特有の蹴り出しがあり，現代人と基本的に変わらない歩行様式であるとする見方と，移行型で膝や腰は曲がっていたとする考え方がある．

　アウストラロピテクスの体型は現代人とは異なる．相対的に，下肢は短く，ひじから先の前腕と指は長い．これは樹上での運動能力が優れていたことを意味するが，樹上生活への適応を保持していたといえるわけではない．下肢には，足で枝をつかむというような樹上適応のための形態特徴が認められない．上肢も類人猿と比べれば，より人類的である．したがって，樹上活動よりも，地上における直立二足歩行が重要であったと考えられる．生活場所の環境条件に応じて，樹上の利用は異なっていたと推測される．

　体の大きさは小型で，メスがとくに小さかったことが知られている．アウストラロピテクスのどの種でも，メスと推測される個体は身長が 100-120 cm，体重が 25-35 kg 程度と推定されている．オスと推測される個体の体重は，メスの 2 倍ほどに達すると推定されている．このため，体の大きさの雌雄差はゴリラやオランウータンのように大きかったと考えられてきた．しかし，最近の統計シミュレーションによると，体の大きさの性差はゴリラやオランウータンほどには大きくないと考えてよいようである（諏訪，2006）．

アウストラロピテクスには，類人猿にみられる犬歯の顕著な性差が認められない．これは，オス同士の競争が弱かったことを示すと考えられ，一夫一妻型のペア型であることを示す可能性が高い．体の大きさの性差が大きいことは，このペア型繁殖仮説に反する事実として取り上げられてきたが，体の大きさの性差がそれほど大きくないとすれば，ペア型仮説との矛盾はなくなる（諏訪, 2006）．

脳容積は 400-500 cm^3 と小さく，類人猿とほぼ同じ大きさである．体重あたりの脳容積は現生類人猿よりはやや大きいと計算されているが，霊長類の変異の範囲内にある．歯の形成や萌出のタイミングなどから成長速度が明らかにされている．歯のエナメル質にみられる成長線の分析から，類人猿と同様に3歳くらいで第1大臼歯が萌出し，現代人よりも成長速度は速かったと推定されている．この類人猿と同程度の成長速度は，脳の大きさが類人猿程度であったことと一致する．アウストラロピテクス段階では打製石器の使用は認められず，知能は類人猿と大きく変わらないと考えてよいだろう．

以上のことから，環境条件としてはモザイク状のサバンナにおいて，地上適応していたと判断できる．開けたサバンナ環境に食性が適応した結果，強大な咀嚼器が発達し，臼歯が大きくなり，硬物食への依存を実現した（表5-1）．肉食獣の危険にさらされるサバンナという厳しい環境下で，不利な面の多い直立二足歩行を完成させたのはどのような要因なのかについては，3章で詳述した通りである．

以下では，それぞれの種について，くわしくみていこう．

5.4 アウストラロピテクス・アナメンシス

最古のアウストラロピテクスであるアナメンシスは，1960年代にケニアのカナポイで上腕骨下端の化石が最初に発見された．1980年代末，約400万年以前の地層から，東トゥルカナのアリアベイで390-400万年前の歯牙化石が発見され，重要性が認識されるようになった．1990年代にカナポイの調査が再開され，保存のよい顎骨と脛骨などが発見された．ミーヴ・リーキーとウォーカー（A. Walker）らは，420-390万年前と推定されているこれらの標本群を，1995年に

表5-1　化石人類の特徴と地質年代（大塚他，2012）

	猿　人	原　人	旧　人	新　人
学名	Australopithecus 属など	Homo erectus	Homo heidelbergensis Homo neanderthalensis	Homo sapiens
身長*	130（100-150）	160（130-180）	170（150-180）	170（160-180）
体重*	40（20-80）	50（40-80）	80（70-90）	65（55-70）
脳容積*	450（350-750）	1,000（750-1,400）	1,500（800-1,750）	1,400（1,200-1,700）
体格	華奢型と頑丈型 長い腕，性差多様	頑丈型 ヒトの特性の確立	頑丈型 寒冷適応型	現代人的骨格 温暖適応型
頭骨	低・小頭，矢状稜 眼窩上隆起，突顎	長・低頭，厚い頭骨 広顔，眼窩上隆起 後頭隆起	長・低頭，薄い頭骨 中顔，大きな鼻，眼窩上隆起，後頭隆起	高顔 球形の頭骨 大きな乳様突起
顎と歯	頑丈な顎 大きな臼歯	頑丈な顎 小さな臼歯	切歯以外は小さい おとがいはわずか	短い顎 小さな歯 おとがいが発達
分布	東・南アフリカ，チャド	アフリカ，アジア，ヨーロッパ	アフリカ，アジア，ヨーロッパ	全大陸
主要人骨	トゥーマイ，アルディ ルーシー アフリカヌス 頑丈型猿人 ハビリス	トゥルカナ・ボーイ ジャワ原人 北京原人	ハイデルベルク人 ネアンデルタール人 シャニダール人	クロマニョン人 ワジャク人 柳江人 港川人
石器／石器様式	前期旧石器／オルドヴァイ型	前期旧石器／アシュール型	中期旧石器／ムスティエ型	後期旧石器-新石器／オーリニャック型
年代	700-100万年前	180-30万年前	50-3万年前	20万年前-
地質時代	第三紀鮮新世 前期更新世	前期・中期更新世	中期・後期更新世	後期更新世 現世
氷期	ギュンツ氷期	ミンデル氷期	ミンデル氷期 リス氷期 ヴュルム氷期	ヴュルム氷期 後氷期

*身長は cm，体重は kg，脳容積は cm^3．

新種として発表した．エチオピアでも，ラミダスが出土したアラミスの近くのアサイシで，ホワイトらによってアナメンシスの標本が発見された．また，エチオピア南部のフェジェジからもアナメンシスと思われる標本が発見されてい

る（諏訪，2006）．

　ラミダスと比べると，アナメンシスは臼歯列が拡大しており，エナメル質も厚い．一方，犬歯の大きさは同程度であるが，上顎犬歯舌側面の隆線の発達がやや弱いなど，ラミダスよりは切歯化が進んだ状態と考えられる．また，第1乳臼歯はラミダスとアファレンシスの中間的な形状を示しており，歯牙形態からみると，アナメンシスはラミダスとアファレンシスをつなぐ中間的な種であるとの仮説が成り立つ．この解釈が正しいならば，440-420万年前までの間にアルディピテクスから急激にアウストラロピテクスへと進化した可能性が高い（諏訪，2006）．

　アナメンシスの四肢骨としては脛骨と断片的な大腿骨が発見されている．アファレンシスとの比較では類似性が認められ，直立二足歩行に適応していたことがわかる．一方，顎骨や歯牙については，突顎がより強く，犬歯小臼歯複合体と乳臼歯がより原始的であることなどから，アファレンシスと異なっている．アナメンシスとアファレンシスの比較を詳細に行うと，420-340万年前の間に，形質によって段階的な変化が見られ，アナメンシスからアファレンシスへという系統の進化が考えられる（諏訪，2006）．

5.5　アウストラロピテクス・アファレンシス

　アファレンシス（図5-3）は，全身の特徴がよく知られている．1930年代にはタンザニアのラエトリで歯と顎骨片数点が発見されたが，重要性は認識されなかった．1970年代に入り，メアリー・リーキーらのラエトリ調査で原始的な猿人標本が数十点，また，1970年代末には約25mにわたる猿人3個体分の足跡化石発掘された（諏訪，2006）．

　アファレンシスの研究が開始された1970年代には，300-200万年前以後のアウストラロピテクスしか知られていなかった．当時，この標本は，世界で初めて400万年前に迫る人類化石となった．ラエトリを調査していたホワイトと，エチオピアのハダールの調査を進めていたジョハンソン（D. C. Johanson）らの共同研究の結果，1978年に，双方の化石全体を新種として発表した（諏訪，2006）．

　ハダールでは，ジョハンソンらが1970年代から調査を続け，現在までに数

百点の化石が出土している．「ルーシー」（図5-4）の愛称で知られる骨格標本（標本番号 A. L. 288-1)，「最初の家族」の名で知られるサイト A. L. 333 から出土した標本群，1990 年代に入ってから発見された A. L. 444 サイトの頭骨などがとくに重要である．「ルーシー」は骨盤の形態と上下肢のプロポーションがわかる数少ない猿人標本である．サイト A. L. 333 の標本群は，大人の男女複数個体と各成長段階の子どもを含む 13 個体分以上の骨格部位からなる（図5-4）（諏訪，2006)．

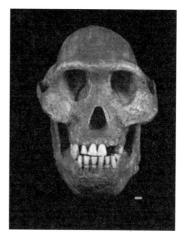

図5-3 アファレンシス
写真提供：国立科学博物館

アファレンシスの年代はハダールのものが 340-300 万年前，ラエトリのものが 370-350 万年前である．このほか，エチオピアのマカとオモ，ケニアのトゥルカナ湖周辺からも，350-300 万年前のアファレンシス化石が出土している．先にも述べたように，1990 年代には中央アフリカのチャドからアファレンシスに類似した顎骨および歯牙化石が出土し，350-300 万年前頃のものと推定されている．歯と顎骨の形態がアファレンシスとは異なるとして，バールエルガザリの種名を唱えたが，地域差によるもので，同一種である可能性が高い（諏訪，2006)．

後述する 300 万年前以後の猿人（アフリカヌス，ガルヒ，パラントロプス属（3種)）に比べると，咀嚼器はより一般化した状態であるため，多くの研究者が後のアウストラロピテクスの祖先種と考えている．前歯と後歯の大きさのバランスがよく，前歯部と臼歯部の双方の使用に関わる咀嚼筋の発達が頭蓋形態から読み取れる．犬歯小臼歯複合体は，ラミダス段階からさらに非剪断型に移行しているものの，小臼歯の臼歯化は進んでおらず，頑丈型猿人ほどには特殊化していない．

2001 年には，トゥルカナ湖周辺からケニアントロプス・プラティオプス（*Kenyanthropus platyops*）が発見され，350 万年前頃と推定された．小柄な頭骨化石である．この頭骨は，顔面部が平坦であるが咀嚼器が華奢であるなどの特徴か

ら，アファレンシスと同時代的に生息した別系統であり，ホモ属の祖先種の候補とされている．しかし，この化石標本は保存状態が悪いため，特徴とされる顔面部の形態評価が難しい．アファレンシスの一地域変異もしくは個体変異と考える方が妥当のようである（諏訪，2006）．

5.6 アウストラロピテクス・アフリカヌス

先にも述べたように，南アフリカのアフリカヌスは，アウストラロピテクスの化石として最初に発見された．ダートが発表した当時は類人猿の一種とする見解が強く，人類との近縁性は認められなかったが，ブルームによってこの発見の裏付け調査が進められ，1930年代には南アフリカのステルクフォンテインから大人の標本が発見され，人類祖先としての地位が確立された．ステルクフォンテインでは第2次世界大戦後，石灰岩の採掘と並行して相当量の猿人化石が採集され，直立二足歩行を示す骨盤なども発掘され

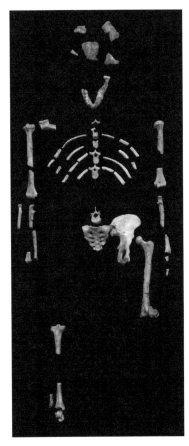

図 5-4 「ルーシー」

た．1960年代末からはトバイアス（P. V. Tobias）らによって系統だった学術調査が進められている．初期に発見された標本と合わせると，部分骨格数体，部分頭骨約10点を含む500点を超える標本群が得られている．また，1940年代以降，ダートらによって南アフリカのマカパンスガットからアフリカヌス標本数十点が発見されている（図5-5）．アフリカヌスの年代は，動物化石と東アフリカの動物相との比較から，約280–230万年前と推定される．一方，地磁気の逆転から年代を推定する古地磁気層序からマカパンスガットは300万年前を超

えるとの考えもあるが，信頼性には疑問が残る（諏訪，2006）．

アフリカヌス研究初期の代表的な解釈にロビンソン（J. T. Robinson）の「食性説」がある．この説では同じ南アフリカで発見された頑丈型猿人のロブストスが植物食に特殊化した傍系であるのに対し，アフリカヌスは肉食を主とする雑食性のホモ属の直系祖先であるとした．ロブストスと比べると頭骨，顎骨がより小さく，筋付着部が比較的未発達であるため，一般に「華奢型」猿人と呼ばれるようになった．現在では，肉食への偏向などは否定されているが，頑丈型猿人との違いが明確にされている．ただし，アフリカヌスですら，アファレンシスに比べると臼歯列が大きく，顎骨は頑丈であり，より硬い食物への適応がみてとれる（諏訪，2006）．

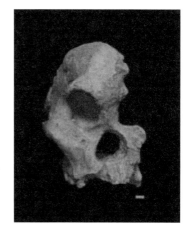

図 5-5 アフリカヌスの頭骨
写真提供：国立科学博物館

1970-80 年代にかけて，アフリカヌスは頑丈型猿人とホモ属の共通祖先と考えられるようになった．現在ではアファレンシスより派生したとする考えが一般的だが，その他の猿人やホモ属との関係についてはさまざまな説がある．これはアフリカヌスの頭骨が部分的に原始的特徴を保持しながらも，頑丈型猿人とホモ属双方の特徴を少しずつ持つためである．このため系統的位置がはっきりせず，ホモ属の祖先種とする考え，ロブストスへつながる説，南アフリカの特有種で 250-200 万年前の間に絶滅したとする説などが有力である（諏訪，2006）．

なお，アフリカヌスはアファレンシスよりも類人猿的で，直立二足歩行が別々に生じた可能性の指摘もある．こうした見解は，ステルクフォンテインの部分骨格標本などから，アフリカヌスはアファレンシスよりも上肢が発達していたとされ，また，約 350 万年前の地層の下層から把握性を持った足の親指の化石が発見されたことによるものである（諏訪，2006）．

しかし，アフリカヌスの上肢・下肢の割合の推定は断片的な標本に基づいて

5.6　アウストラロピテクス・アフリカヌス

いるため，アファレンシスとの違いについての信頼性は低い．また，当初の親指の把握性の関節形態の評価は不適切であり，その後，形態を数量化した研究によっても否定されている．さらに，ステルクフォンテインの洞窟堆積物の層序は複雑であり，年代推定の信頼性が低く，動物化石から判断して，下層の年代も他の層準と大差ないとの反論もある．1998 年には下層で見つかった足の化石と同一個体の全身骨が発見されている．この標本の調査が進めば，上記のような見解についても，より的確に評価されるだろう（諏訪, 2006）．

5.7 アウストラロピテクス・ガルヒ

　先にも述べたように，ガルヒはアファレンシスとホモ属をつなぐ候補として 1999 年に新種として発表された，約 250 万年前のアウストラロピテクスである．ガルヒの標本は，1996-98 年にかけて，エチオピアのミドルアワッシュ地区のブーリで，ホワイトらによって発見された．化石人骨は，鼻腔下部から上顎と，前頭部と頭頂部を含む断片的な頭骨である．ガルヒの頭骨形態はアファレンシスに類似しているが，切歯以外の歯がすべて大きく，臼歯列はアフリカヌスや頑丈型猿人のロブストス以上に大きい．ガルヒは，咀嚼器がアファレンシスよりもさらに強く発達した人骨であり，初期ホモ属の祖先種としてふさわしい．また，上下肢の骨も出土しており，サイズは小さい．アウストラロピテクスのように前腕が長い点は原始的であるが，大腿骨は相対的に長く，下肢と上肢の比率は原人や現生人類と同程度と推定された（諏訪, 2006）．

　重要な発見は，カットマーク（V字形の石器による切傷）や打撃痕のついた動物骨が出土したことである．このような石器使用の痕跡から，ガルヒは石器を使用して肉を切り取り，骨髄を食べる肉食を行っていたと考えられる．ガルヒの臼歯が拡大したことは硬物食への依存が高まったことを示すが，他方で，肉食の始まりも示している．食性の進化が，硬物食と肉食という別方向に向かうことは，矛盾しているようにみえる．ここで，環境要因を見直してみると，約 250 万年前から氷河期が始まり，アフリカの内陸部では乾燥化が進行した．植物相は乾燥に耐えるものが優勢になり，硬物食依存が有利になるとはいえ，食料源は減少していったと推測される．乾燥化により草原が拡大すれば，草食動

物は増加するので，これが肉食化の引き金になったと考えられる．そして，肉食化によって，咀嚼器の縮退と脳の増大化が始まり，ホモ属への飛躍的進化が起こったのであろう．

今のところは，ブーリの標本だけがガルヒとされているが，エチオピアのオモやトゥルカナ湖周辺から出土している 270-250 万年前頃の華奢型猿人の歯などもガルヒである可能性が高い．

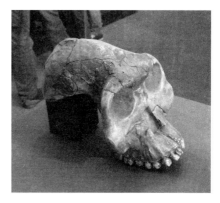

図 5-6　ガルヒ（エチオピア博物館蔵）

5.8　パラントロプス・エチオピクス

頑丈型猿人の最古の種はエチオピクスで，約 270-230 万年前のオモおよび西トゥルカナに分布する．第 1 号標本は 1967 年にオモから出土した下顎骨で，発見者のアランブール（C. Arambourg）らは，ボイセイやロブストスとは異なる人骨と判断し，別属別種とした．しかし，この標本には歯冠が見つからないなど十分な評価ができず，種としては認められなかった．1985 年に西トゥルカナでリチャード・リーキーらが発見した約 250 万年前の保存良好な頭骨（ブラックスカルと呼ばれる）は，顔面部が頑丈型猿人の特殊化を示す一方，頭蓋底や後頭部が原始的であった．エチオピクスは，アファレンシスとボイセイが混ざった中間型と判断してよい．この頭骨の発見によって，原始的な特徴を持った頑丈型猿人が約 250 万年前に生存していたことが明らかになった．オモで発見されていた下顎骨や歯牙の断片的な頑丈型猿人化石も同種のものとみなすことができる（諏訪, 2006）．

エチオピクスからボイセイへの変化は，オモの 230-220 万年前の標本群においてモザイク状に進行したことを示している．エチオピクスは，形態的にも年代的にも，南アフリカのロブストスの祖先種候補である．しかし，歯の大きさがロブストスより大きいため，もしエチオピクスから南アフリカのロブストス

が生じたのならば，若干の小型化を伴って種分化が起きたことになる（諏訪，2006）．

5.9　パラントロプス・ボイセイ

先にも述べたように，ボイセイは，1959年に東アフリカに広く分布した頑丈型猿人で，ルイス・リーキーによって発見された．タンザニアのオルドヴァイ峡谷から出土した頭骨は保存がよい．当初はジンジャントロプス（*Zinjanthropus*）という属名で発表されたが，現在ではパラントロプス属に含めるか，アウストラ

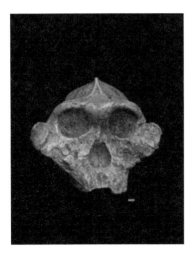

図 5-7　ボイセイの頭骨（KNM-ER 406）
写真提供：国立科学博物館

ロピテクス属に含める．ボイセイの化石人骨は1960年代末以降，東アフリカの各地で発見され，頭骨を含む100点以上の標本がそろっており，年代は200-140万年前である．東アフリカの発見地は，ケニアの東トゥルカナ，西トゥルカナ，チェソワンジャ，エチオピアのオモ，コンソ，タンザニアのペニンジである（諏訪，2006）．

ボイセイは頑丈型猿人のなかでも極端に発達した咀嚼器を持っており，臼歯列は猿人の中でも最大であり，顎骨と臼歯は，「頑丈型」の名にふさわしく，非常に大きい．咀嚼の咬合面積はアファレンシスの1.5倍，現代人の2.5倍に達する．形態の特殊化は頭骨，顎骨，歯に及び，エチオピクスを祖先種として230万年前頃に出現した．エチオピアのコンソで発見された頭骨は，ボイセイ特有の形質を示すが，エチオピクスや南アフリカのロブストスと類似しており，独特な形態特徴が混ざっており，ボイセイが地域ごとに分化した多型性の高い種であったことを示唆している（図5-7）（諏訪，2006）．

ボイセイの体の大きさと体型に関する研究はあまりなされていないが，ボイセイも他の猿人と同様な体型をし，大きさはやや大柄であったと推測されている．

5.10 パラントロプス・ロブストス

　ロブストスは南アフリカの頑丈型猿人であり，クロムドライとスワルトクランスが主な出土地である．1930年代，クロムドライからは，ブルームによって，頭骨の一部が発見された．彼はアフリカヌスとの違いを明らかにし，パラントロプス属とした．1940年代末から1950年代初頭にかけて，スワルトクランスからも大量のロブストス化石が発見された．これらはアフリカヌス標本とともにロビンソンの食性説（5.6節参照）の基盤となった．1960年代から1980年代間には，ブレイン（C. K. Brain）の発掘調査により，ロブストスの化石が発見されるとともに，層序や動物相，化石の生成過程などについて詳細が明らかになった．1990年代にはさらに2つの遺跡（ドリモレン，ゴンドリン）からロブストス化石が発見されている（諏訪，2006）．

　ロブストス標本は数百点にのぼり，部分頭骨を含むが，つぶれて変形した化石が多く，四肢骨標本は少ない．東アフリカの動物相との比較から年代は約180-150万年前とされるが，上層の標本は150-100万年前程度と比較的新しい可能性もある．1960年代以来，頑丈型猿人と呼ばれ，ゴリラ的な大柄な猿人像が長い間想定されていたが，今では「頑丈」なのは咀嚼器だけであり，体の大きさはアフリカヌスやアファレンシスと同等程度であったと推定されている（諏訪，2006）．

　南アフリカのロブストスは，東アフリカのエチオピクスやボイセイと同様に，特殊化した咀嚼器を持っているので，頑丈型猿人の3種は単系統群をなし，エチオピクスから派生したと考えることができる．一方，ロブストスは，顔面形態がアフリカヌスとも類似するため，アフリカヌスとの連続性が指摘されてきた．このため，頑丈型猿人は，独立した2系統（南のアフリカヌス-ロブストスと東のエチオピクス-ボイセイ）からなると考える研究者もいる（諏訪，2006）．

　スワルトクランスからは手の骨がいくつか出土しており，頑丈で道具を使用していた可能性が認められる．また，根や球根を掘り起こすために使用したと思われる骨器が出土している．同遺跡から出土する頭骨と歯の標本の大部分がロブストスのものであるため，彼らが道具を使用していた可能性が高い．しかし，スワルトクランスではホモ属の標本も出土しており，ロブストスが道具使

用者であったかどうかははっきりしない.

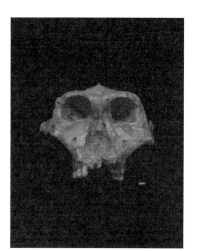
図 5-8 ロブストスの顔面 (SK 48)
　　写真提供:国立科学博物館

6 ホモ属

6.1 ホモ属

　ホモ（Homo）属は私たちホモ・サピエンスを含む属である．ホモ・ハビリスは，ルイス・リーキー，トバイアス，ネイピア（J. R. Napier）が，1964年にオルドヴァイ峡谷で発見した化石に Homo habilis と命名して以来，主として東アフリカから多くの化石が出土している．比較的保存がよく有名になったのは，1970年代にトゥルカナ湖東部で発見され，リチャード・リーキーによって報告された標本番号 KNMER1470 頭骨である．ホモ・ハビリスは，240-160万年前に生存していたと推定されるので，後期のアフリカヌスあるいは初期の頑丈型猿人と同時期に生存していた可能性がある．ただし，脳が大きかった点では異なっている．なお，広義のホモ・ハビリスは小型のタイプ（狭義のホモ・ハビリス）と，脳容積が約 750 cm^3 で大型のホモ・ルドルフェンシス（Homo rudolfensis）の2種に分けられる（6.3節参照）．

　猿人がすんだ新たな環境への適応について思いだそう．サバンナには草食動物が群をなしていたが，それを摂取する肉食動物も多く，猿人は屍肉あさりをしていた可能性がある．しかし，臼歯がかなり大きいことからも，肉食の割合は低く，堅果植物の実や根などの硬質の食物を多く摂取していたと考えられる．

　アファレンシス，アフリカヌス，頑丈型猿人は，硬物食のため側頭筋が発達し頭骨の拡大は抑制されていた．ところが，約 250 万年前に北半球では氷河期が始まり，大きな気候変化によって，東アフリカでは森林性の動物が減少し，サバンナ性の動物が増加した．このさらなる乾燥化によって，ガルヒにみられ

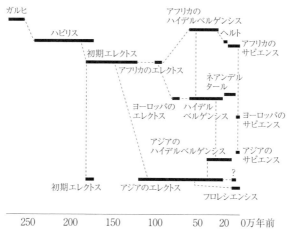

図 6-1　ホモ属の出現以後の系統図（諏訪，2006）

るような肉食化が始まった可能性が高い．そして，硬物食が減少し臼歯が小さくなったホモ・ハビリスでは脳容積の増大がみられている（図6-1）．

　猿人の「賢さ」は石器の製作・使用にもみられる．約250-150万年前までの石器はオルドヴァイ型石器と総称され，丸い自然石の一端を何度か打ち欠いた単純な礫石器であるが，150万年前頃からは新オルドヴァイ型と呼ばれる進んだ石器文化が現れ，ハンドアックス（握斧）を含むのが特徴的である．さらに，ホモ・ハビリスが製作したと考えられる石器群には，新オルドヴァイ型石器とともに，あるいはそれとは独立に，洗練されたハンドアックスを豊富に含むアシュール型石器が出土する遺跡も発見されている（図6-2）．

　ホモ・ハビリスの起源は250万年前頃で，アウストラロピテクスと同じ地域で生じたと推定される．ホモ属に進化し始めた頃は，咀嚼器がアウストラロピテクスと同様に頑丈であるが，打製石器の使用とともに生活が次第に変化していったと考えられる．食料獲得の方法や硬物食・肉食などの食性も変わり，咀嚼器が退化するとともに，脳は大型化していった．さらに火の使用が始まり，肉などが食べやすくなって，咀嚼器への負担が軽減された．

　このような生活（生業や食性）の変化とともに，身体特徴がさまざまに進化した．体の大きさが大型化し，200万年前以後のホモ・エレクトスの段階になる

と身長が高くなり，現代人の高身長に相当するような高さにまで達する個体も現れた．体型も変化し，下肢が長く前腕が短くなり，上肢と下肢の比率は現代人と同程度になった．体の大型化と下肢の伸長は，直立二足歩行を進展させ，遊動域の拡大へとつながったかもしれない．体に毛がないという人類の特徴は，汗腺による体温調節が発達したためであると考えられているが，体の大型化と下肢の伸長がその要因の1つであろう．石器などの道具使用による生活の変化は，前腕の短縮や手の形態変化と関連している可能性がある．

　成長パターンの変化も重要である．アウストラロピテクスは，第1大臼歯が3歳頃に萌出することから，類人猿と同程度の成長速度であったと考えられているが，現代人では6歳頃に萌出する．ホモ属のどの段階でこの遅い成長速度に変化したのかは明確ではないが，成長速度の遅延は人間の賢さと関連している．脳は相対的に早く成長して大きくなるので，子ども期が長くなることは，学習期間の長期化につながり，学習効果が強くなる．また，寿命の延長にもつながったはずである．新生児が未熟な状態で出産することと，長くて遅い成長には関連があると考えられる（第13章も参照）．

　ホモ属の生存環境についても大きな変化が生じた．猿人段階ではアフリカにだけ分布していたのに対して，ホモ属は，アフリカを出てユーラシア大陸に広がり，さまざまな気候条件やバイオームに適応するようになった．

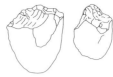
オルドヴァイ型
（250-150万年前）

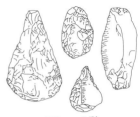
アシュール型
（150-15万年前）

ムスティエ型
（15-3万年前）

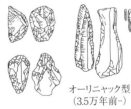
オーリニャック型
（3.5万年前-）

図 6-2　石器の進化（ボルド，1971を改変）

石器を使用したのは，オルドヴァイ型がホモ・ハビリス，アシュール型が原人，ムスティエ型が旧人，オーリニャック型が新人．

6.1　ホモ属　　99

6.2 ホモ属の起源

発見されているホモ属の化石人骨は，約240万年前までさかのぼることができる．これは，エチオピアのゴナで出土した最古の打製石器の260万年前と時期がほぼ一致する．しかし，ガルヒやアフリカヌスとの違いはわずかであり，断片的な化石からは区別ができないことが多く，歯と顎の標本群ごとに比較すれば，ホモ属のほうがわずかに華奢であることによって判断されている．このような咀嚼器の違いは，約200万年前までわずかなものであった．

一方，脳の増大を示唆する最初のホモ属の標本は，ケニアのチェメロンで発見された側頭骨で，約240万年前までさかのぼる．ただし，この人骨は非常に断片的であり，他に同時期の標本が発見されるまで断定できない．脳容積が増大し，平均600-700 cm^{3}の大きさになっていたことの確実な証拠は，200万年前以後のものである．

「初期ホモ属」というまとめ方があり，猿人の存在した時期の遺跡から出土するホモ属を意味している．これには，狭義のホモ・ハビリスとホモ・ルドルフェンシス，場合によっては初期のホモ・エレクトスも含まれる．猿人もいた時代なので，個々の化石標本については，アウストラロピテクスではないとしか判断できないため，初期ホモ属としているのである．

6.3 ホモ・ハビリスとホモ・ルドルフェンシス

ロビンソンらは，ホモ属がアウストラロピテクスと同時期に生存していたことを最初に主張した．1950年代初頭に南アフリカのスワルトクランスから出土した顎骨標本3点などがロブストスと著しく異なることを示し，テラントロプス（Telanthropus）属として区別した．少数の断片的資料であったため，この主張は長年認められなかったが，後になって初期のホモ・エレクトス，あるいはホモ・ハビリスとみなされるようになった（諏訪，2006）．

1960年代初頭になると，タンザニアのオルドヴァイ渓谷でルイス・リーキーらが，ボイセイとは明らかに異なる華奢な顎骨と歯・頭骨片からなる標本群を発見した．このなかには，脳容積がアウストラロピテクスより大きい頭骨が数

点含まれていた.リーキーとトバイアスらは,1964年にホモ・ハビリスと命名し,アフリカヌスとホモ・エレクトスの間を埋める新種のホモ属として発表した.これに対し,下層の標本はアウストラロピテクスで,上層の標本はホモ・エレクトスであるという反論が多く出た(諏訪,2006).

1970年代になると,ケニアの東トゥルカナなどから保存状態の良い頭骨などが多数発見され,原始的なホモ属が実在したことが認められるようになった.ホモ・ハビリスと推定された標本には,かなりの違いがあり,大型

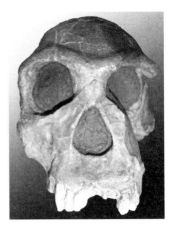

図6-3 ホモ・ハビリス

で脳容積が約750 cm^{3}の標本(代表的な標本はKNM-ER1470)と小型で約500 cm^{3}の標本(代表的な標本はKNM-ER1813)が東トゥルカナで発見されたため,別種の可能性を指摘する意見が出た.1980年代を通じてトゥルカナの人類化石を詳細に比較研究したウッド(B. Wood)により,小型のハビリスと大型なルドルフェンシスの2種に集大成された.なお,2種を区別せずに,広義のホモ・ハビリスという表現も用いられているので,注意が必要である(諏訪,2006).

ウッドは,ハビリスとルドルフェンシスの2系統が200万年前までには確立しており,さらに初期のホモ・エレクトスもほぼ同時期までさかのぼり,ホモ属の初期には3系統が同時に存在したと主張した.ただし,大型のルドルフェンシスが必ずしも進歩的というわけではなく,むしろアウストラロピテクスのように顎と歯は頑丈である.これに対し,小型の(狭義の)ホモ・ハビリスは,アフリカヌスと似ているが,歯はより小さく,顔面骨は退縮傾向を示し,前頭部や後頭部はホモ・エレクトス的な方向に変異している.ウッドは,アウストラロピテクスからホモ属が誕生する過程でさまざまな種が適応放散し,そのなかからホモ・エレクトスが生じたという進化の図式を示している.このウッド説とは異なった解釈もあり,種の違いではなく,単一系統内の集団レベルの多型現象である可能性を指摘している(諏訪,2006).

6.4 ホモ・ナレディ

　南アフリカのライジング・スター洞窟で，2013年に，地下の奥深くから大量の人骨化石が発見された．入り口から約100 m奥にある12 mの細い縦穴の下に，長さ約9 m幅約1 mの空間があり，一面に化石が転がっていた（シュリーブ，2013）．その後，2度の発掘によって，少なくとも15人（幼児のものから老人のものまで）に属する1,550個以上の人骨化石が発掘された．発掘チームのバーガー（L. Berger）らは2015年9月にこの発見を発表し，これらの人骨は新種の人類，ホモ・ナレディ（*Homo naledi*）であると主張した（ナレディはソト語で「星」という意味）．発掘されたホモ・ナレディはホモ属にも，それ以前のアウストラロピテクスにも近い特徴を数多く持っていた（ウォン，2016）．

　ホモ・ナレディは地質年代測定によって，約30万年前の化石と推定された．光がまったく届かない洞窟の奥まで，どうやって運ばれたのかは謎である．ナレディの小さな脳（460-610 cm^3）や曲がった指の骨，肩と胴体と股関節の形に見られる原始的な特徴は，アウストラロピテクスやホモ・ハビリスに似ている．しかし，手首や手，脚，足などはネアンデルタール人や現生人類のような特徴を持っている．成人の身長は146 cmで，体重は39-55 kgである．ホモ・ナレディは新たな種ではなく，ホモ・エレクトスに属するのではないかと考える研究者もいるが，ホモ・ナレディの大量の化石には，大腿骨や手の親指などにホモ・ナレディならではの共通する解剖学的な特徴が認められる（ハンフリー・ストリンガー，2018）．

7 原人

7.1 初期のホモ・エレクトス

　ホモ・エレクトス段階になって，生活様式がアウストラロピテクスと大きく変化した．多様な環境に適応しつつ，動物資源を積極的に利用するようになり，狩猟活動のため遊動域が拡大した．狩猟活動に必要な石器は定まった形に整形され，アシュール型石器がつくられるようになった．アシュール型石器には，大型の石で両面が加工してあるハンドアックス（握斧）やナタなどがある．これらの石器は大型獣の皮剝ぎや解体に適している．もっとも古いアシュール型石器は170-160万年前のもので，エチオピアのコンソから出土した．

　一方，最古のホモ・エレクトスの化石人骨は，180-175万年前のもので，1970年代中頃に東トゥルカナで発見された頭骨である．この頭骨は，眼窩上隆起が発達し，上下に低い頭蓋冠を持ち，アジアのホモ・エレクトスと類似している．ただし，詳細にみると，アジアのホモ・エレクトスほど特殊化が進んでいない．同様な化石人骨は東西トゥルカナで150万年前頃のものまで出土し，もっとも有名な化石人骨は1984年に発見された全身骨格の標本（標本番号 KNM-WT15000）のものである．これらのアフリカの初期のホモ・エレクトスを種レベルで区別する場合は，ホモ・エルガスター（*Homo ergaster*）の種名が使われる（諏訪，2006）．

　上記の全身骨格（KNM-WT15000）は，「トゥルカナ・ボーイ」と呼ばれ，その全貌が明らかにされている．トゥルカナ・ボーイの年齢は約9歳と推定されているが，身長は160 cmを超え，脚は長くてスリムな体型である．ウォーカーによると，初期のホモ・エレクトスはアウストラロピテクスに比べて非常に

進歩的な体型をしている．体の大きさは現代人に近く，身長が180 cm以上の個体もいた．下肢が長く，前腕が相対的に短い点などは現代人的であり，他の原人とは異なる特徴を示している．長身でほっそりした体型は，乾燥した熱帯地域への適応と考えられる．ただし，完全ではない骨盤化石によって体幅が推定されているため，これは正確ではなく，頑丈な体型であった可能性が高いという指摘もある．他個体の四肢骨の頑丈さや，後のホモ・ハイデルベルゲンシスやホモ・ネアンデルタレンシスの体型を考慮すると，熱帯地域でくらしていたということを差し引いて考えたとしても，長身でほっそりした体型というよりは，現代人と比べて頑丈な体型をしていたと考える方が妥当であろう（図7-1）．

これらの初期ホモ・エレクトスの脳容積は，ホモ・ハビリス，ホモ・ルドルフェンシスよりやや大きく，約800-900 cm^{3}であった．ホモ・ハビリスと比べると，咀嚼器が明らかに縮小し，臼歯列は小さく，顔面は後退し，鼻の突出が顕著になった．

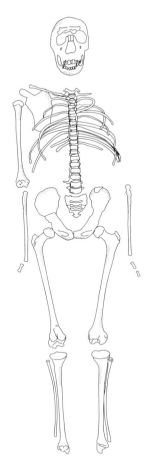

図7-1 トゥルカナ・ボーイの全身骨格（KNM-WT15000）

トゥルカナ・ボーイの発見以来，ホモ・エレクトスがアフリカで誕生したことが定説となっていたが，近年の調査で，ほぼ同時期に原始的な特徴を示す初期のホモ・エレクトスが西アジアに分布していたことが明らかになった．ジョージアのドマニシにおいて，1991年に下顎骨が発見され，1999年以降も保存良好な頭骨が発見されている．ドマニシの年代は，火山岩のアルゴン–アルゴン年代と古地磁気層序，そして動物相から，約175万年前と推定されている．これらの化石人骨の形は，東アフリカの初期ホモ・エレクトス段階とされたが，脳容量が約600-800 cm^{3}と小さく，後頭部の屈曲が弱いなど，ホ

モ・エレクトスとホモ・ハビリスの中間的な特徴を示す．なお，ジョージアの標本を独立した種とする場合には，ホモ・ジョルジクス（*Homo georgicus*）が使用される（諏訪，2006）．

ジョージアの化石人骨はホモ・エレクトスの出現後間もないものであり，ホモ・ハビリスからホモ・エレクトスへと進化する過程の一側面かもしれない．最近，東アフリカからもドマニシで発見された化石と類似する特徴をもつ160万年前頃の小型なホモ属の頭骨が発見された．ホモ・ハビリスからホモ・エレクトスへの移行は，さまざまな形態的変異を示す多型的な集団が生まれて進化したようである（諏訪，2006）．

7.2 原人の特徴

およそ250万年前に氷期が開始した頃から，東アフリカの乾燥化はさらに進行した．地球の気温にも変化がみられ，約10-15万年ごとに氷期と間氷期が繰り返されるようになった．180万年くらい前に東アフリカに出現した原人は，直立二足歩行を完成させて狩猟活動を進めた．アフリカ大陸に拡がるとともに，アフリカ大陸を出てアジア大陸やヨーロッパ大陸へ進出した．

原人の化石が最初に発見されたのは，1891-1892年，ジャワ島の中部のトリニールで，デュボア（E. Dubois）により頭骨と大腿骨が発見された．この人骨は1894年に*Pithecanthropus erectus*と命名され，一般的にジャワ原人と呼ばれている．1923年にはじまった中国の周口店での発掘で，ブラック（D. Black）は約50万年前の原人化石（50体分ほど）を発見した．いわゆる北京原人で，*Sinanthropus Pekinensis*と命名された．その脳容積は900-1,200 cm^{3}で，ジャワ原人と同程度である．その後，ほぼおなじ進化段階にある化石人類はヒト属と考えられるようになり，1960年代以降はホモ・エレクトスと呼ばれている．

アフリカやアジア，ヨーロッパの広域で発見されている原人に共通する特徴とは，次の7点である．(1) 身長は150-170 cmで体肢骨は現生人類に近い．(2) 頭骨や四肢骨の緻密質が厚い．(3) 頭部が低く前後方向に比較的長い．(4) 脳容積が750-1,400 cm^3（平均は約1,100 cm^3）で，猿人より大きく現代人よりやや小さい．(5) 眼窩上隆起が発達し，後頭骨に横後頭隆起がある．(6) 顎

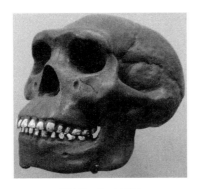

図 7-2 ジャワ原人

が前方へ突き出ている．(7) おとがい（下あごの先端）がない（図5-2）．歯は，猿人に比べれば現代人に近いが，比較的頑丈で大きい．四肢骨の緻密質が現代人よりも厚く，頑丈である．直立二足歩行の機能は，現代人とほとんど違いがなかったと考えられている（大塚他，2012）．

原人の石器は，アフリカ，ヨーロッパ，西アジアに分布している．整ったハンドアックスに代表されるアシュール型石器群と，東アジアが中心分布となる，礫の一端を片面あるいは両面から打ちかいてつくる礫器（チョッパーとチョッピングトゥール）に代表される石器群の2つがある．

原人が多様な環境に進出し適応できたのは，生物学的変化と文化面での進歩によるところが大きい．直立二足歩行の完成により頭部を支える筋付着が弱まり，頭部が大きくなり脳容積が増えた．原人の生業活動は，野生植物の果実，種子，堅果，根茎，小動物などの採集だけでなく，有蹄類やゾウなどの大型動物の狩猟も生業活動としていた．彼らは，アシュール型石器などの道具を製作するとともに，火を使用し狩猟をさかんに行うようになった．肉食化が進むことは動物性タンパク質の摂取量を増加させ，栄養状態の向上をもたらしたと考えられる（大塚他，2012）．

最古の火の使用は，約140万年前のケニアのシェソワンジャ遺跡で，ついでスワルトクランスの150-100万年前の地層から焼けた動物の骨が出土している（葭田，2003）．その後フランスのエスカル（75万年前），スペインのトゥラルバ（40万年前），周口店（40万年前）などで火の使用が認められる．北京原人が発見された周口店第1地点の堆積層に残された厚い灰の層は，彼らが長期間にわたって調理や暖をとるために火を利用していたことを示している．洞穴に住み火を使用することで，生活範囲は熱帯から温帯，さらには寒冷帯にまで拡大したと考えられる．また，炉辺での集団生活を通して人びとの社会性が発達し，文化的伝統が形成されていったのであろう．

それでは主な原人である，ホモ・エレクトスとホモ・フロレシエンスについてくわしくみていこう．

7.3 ホモ・エレクトス

典型的なホモ・エレクトスとしてよく知られているのが，ジャワ原人と，北京原人である．ジャワ原人はジャワ島のトリニールとサンギランで発見された低い頭蓋冠，連続した眼窩上隆起，頭骨の緻密質が厚いなど，7.2節でとりあげた原人の特徴が顕著に認められ，形態的にアジアの原人としてまとめられる．年代に

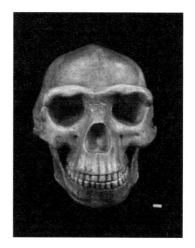

図 7-3 北京原人，復元頭骨
写真提供：国立科学博物館

ついては見解が分かれており，ジャワ島の最古のものは，約 160 万年前と約 110 万年前の 2 つの説がある．中国の化石は古いもので約 100 万年前，周口店の化石はおよそ 50-40 万年前である．

アジアのホモ・エレクトスにおいても，集団ごとの特徴の差異が認められるようになった．ジャワ島の下層から出土した顎と歯にはアフリカの初期のホモ・エレクトスと同様の頑丈さが認められ，ホモ・エレクトスの初期の特徴を保持していた可能性がある．ジャワ島の中層から発見された約 80 万年前のジャワ原人と，周口店などの北京原人とでは，咀嚼器の退化が同程度に進んでいるものの，頭骨の形態では地域差が認められる（諏訪，2006）．

アジア以外では，100 万年前頃の化石はあまり発見されていない．東アフリカのオルドヴァイ，ダカ，ブイアなどで約 140-80 万年前の保存のよい頭骨が発見されている．アジアのホモ・エレクトスと類似するもの，アフリカの初期のホモ・エレクトスと連続するもの，やや進歩的な形態を持っているもの，とそれぞれの化石の特徴は異なるが，まとめてみると，アフリカにおけるホモ・エレクトスの一連の進化としてとらえることができる（諏訪，2006）．

約 100 万年前に，原人はヨーロッパに進出した．ヨーロッパの最古の原人化

石は，イタリアのチェプラノで見つかった約80万年前の頭骨と，スペインのアタプエルカで発見された頭骨や顎骨，歯などである．これらの化石資料は，広義のホモ・エレクトスとみなすことが可能だが，発見者らは旧人のホモ・ハイデルベルゲンシスの祖先種と考え，スペインの化石人骨にはホモ・アンテセソール（*Homo antecessor*）という種名が使われている．ただし研究者によっては，北アフリカのティゲニフで見つかった下顎骨と頭骨片が共通するとして，ホモ・モーリタニクス（*Homo mauritanicus*）の種名を提唱している（諏訪，2006）．

ホモ・エレクトスは，約150万年前にアフリカにおいてホモ・ハビリスから進化し，ユーラシアやアフリカに広く拡散し，多様な環境に適応していった．そして次の旧人に進化し，約100万年前のホモ・ハイデルベルゲンシスへとつながった．

7.4 ホモ・フロレシエンシス

インドネシアのフローレス島のリアンブア洞窟で，8万年前から1万2,000年前頃までの地層から，独特な形態をもつ化石人骨が発見された．この化石標本は完全な頭蓋，上肢，下肢，そして足の骨からなっている．身長は1m程度で，脳容積は約400 cm^3 と小さいが，頭骨の形態はホモ・エレクトスを小型にした形状を示しており，島嶼に隔離された影響などの理由によってホモ・エレクトスが矮小化したものと考えられている．ただし，著しく後退する下顎結合部や，相対的に長い上肢など，ホモ属としては独特な特徴がみられるため，アウストラロピテクスとの系統と関係している可能性もある．しかし，四肢骨の形態がアウストラロピテクスと類似しているわけではなく，また咀嚼器が華奢である点は異なっており，アウストラロピテクスとの類似は表面的なものにすぎない（諏訪，2006）．

インドネシアのジャワ島は，氷期の海面低下時にはアジア大陸と陸続きになっていたため，ジャワ原人をはじめさまざまな哺乳類が陸橋を渡ってここまで到達していた．しかしフローレス島はアジアとオーストラリア間にある生物地理上の境界線（ウォーレス線，10.4節参照）の東にあり，これまでホモ・サピエ

ンスより以前の人類はこの境界を越えることができなかったと考えられていた．フローレスでの発見により，こうした考え方を修正する必要が生じてきている．ホモ・フロレシエンシスの発見は，ホモ属の人類における極端な小型化を例証するだけでなく，周辺の別の島々にも独自の進化をとげた人類がいた可能性を示している．さらにこの人類は1万7,000年ほど前まで生存していた痕跡があるが，周辺地域にはアフリカ起源のホモ・サピエンスが4万5,000年前頃には到達していた．この2つの異なる人類がどのような接触をしたのか，新たな謎に大きな関心が寄せられている．

図 7-4 ホモ・フロレシエンシスの頭骨
写真：Ryan Somma

8 旧人

8.1 旧人の寒冷適応

　旧人は，約50万年前に，アフリカ・アジア・ヨーロッパに拡がっていた原人から進化したもので，約3万年前まで生存していた．3度の氷期（ミンデル氷期，リス氷期，ヴュルム氷期）が現れるなど，この期間の地球の気候は大きく変動した．7万年前から2万年前頃まで続いたヴュルム氷期の影響は，ヨーロッパに厳しい寒冷化をもたらし，ヨーロッパに拡散していた旧人は寒冷適応したが，やがて氷河に覆われて生存不可能となった．旧人は，約50-20万年前のホモ・ハイデルベルゲンシス（*Homo heidelbergensis*）と約20-3万年前のホモ・ネアンデルタレンシス（*Homo neanderthalensis*）に分けられる．

　1907年にドイツのハイデルベルク近郊のマウエルで約50万年前の下顎骨が発見されたことから，ホモ・ハイデルゲンシスと名付けられている．原人から進化して脳が大型化し（1,000-1,400 cm^3），やがて新人に進化したと考えられている．原人の特徴を持ちつつ，脳容積が大きく，歯が小さくて額の尖がりぐあいが弱い点などは，新人に近い．

　旧人の脳容積は，平均が1,500 cm^3（1,200-1,700 cm^3）に拡大し，ホモ・サピエンス（新人）（平均1,450 cm^3）よりも大きくなった．しかし脳頭蓋から推定される脳の形状は異なるため，脳神経系の構造は異なっていた可能性がある．化石人骨は多数発見されているが，年代情報が十分に整っているものは少ない．このためアフリカでもアジアでも，旧人段階の進化様式はほとんど明らかになっていない．

アフリカでは，旧人段階の化石人骨は原人段階のものと同様にわずかしか発見されていない．100万年前から20万年前の化石情報をまとめてみると比較的大きな形態的変異が認められる．旧人段階の時代において，体の大きさや形態に集団の違いや個体差が生じていたと考えられる．

　最初の旧人化石が，1856年にドイツのデュッセルドルフ近郊のネアンデルタール村で発見されたのにちなみ，ネアンデルタール（人）と呼ばれている．約20万年前から3万年前までの，ヨーロッパから中東にかけて分布していた旧人である（タッターソル，1998）．ネアンデルタールの化石標本は400体以上に及び，複数の全身骨格も発見されている．男性の平均身長は170 cm弱，体重は70-80 kgと推定されている．ネアンデルタールの基本的な体型は新人と変わらないが，ずんぐりとした太短体型で筋肉質であったことがわかっている．頭骨は，新人に比べて，眼窩上隆起，顔面部の突出，低頭，頑丈な下顎骨，おとがいの欠如，大きな前歯という特徴があり，鼻は太く大きく広がっていた．これらの特徴は，寒冷適応していたことを示している．頭骨は前後に長いラグビーボール型で，新人のサッカーボール型とは異なる．

　ネアンデルタールは，西はベルギーのスピー，東はイタリアのモンテチルツェオ，北はドイツのデュッセルドルフ，南はフランスのラ・シャペル・オー・サンとヨーロッパに広く分布していた．ラ・シャペル・オー・サン出土の完全骨格を調査したフランスのブール（M. Boule）は，ネアンデルタールを現生人類と類人猿の中間の特徴を持つ原始人とした．曲がった下肢と前かがみの姿勢で歩くことから原始的な人類に復元したため，ネアンデルタールはおろかで野蛮であるというイメージができあがった．

　西アジアで発見されたネアンデルタールも多い．イスラエルではカルメル山のスフールとタブーン，カフゼ，アムッドで化石が発見され，イラクではシャニダールで発見されている．これらの10-4万年前の化石人骨は，ネアンデルタールの特徴を持つものと新人の特徴を持つものが混在している．これはヨーロッパのネアンデルタールが気温の低下に伴って西アジアに移動し，温暖になると北方に戻ったことに加えて，アフリカで進化した新人が西アジアに進入してきたために混住が起こったと考えられている．なお，アムッドの人骨は，脳容積が1,740 cm^{3}にも達している．

旧人段階の行動認知能力は新人ほどには達していなかったと考えられている．ただし，脳容積はホモ・サピエンスを超えているので，情報処理能力は同等だった可能性が高い．道具製作技術の水準は高く，大型の槍をつくり，槍先の尖頭器の製作も複雑な加工技術を示している．

　旧人の石器文化はヨーロッパに広く分布するムスティエ文化に代表される中期旧石器時代に移行する（12.5節参照）．石器の発達により，マンモスやケサイなどの大型獣が狩猟対象となり，肉食が進んだと推測される．

　ネアンデルタールの精神面に関する根跡も発見されている．1960年に，ソレッキ（R. S. Solecki）らによってイラクのシャニダール洞窟から9体のネアンデルタールの骨が発掘され，4体が埋葬されたものと判定された．シャニダール1号と呼ばれる人骨は右腕の肘から先がなく，右肩から腕にかけて強く萎縮しており，左目を失明していた．生まれつきの障害を持っていたと考えられるが，当時としては高齢の40歳代に達しており，彼らの社会が介護の面で発達していた可能性があることを示している．シャニダール4号の成人男性人骨は，三方を石で囲まれ，南枕で西を向き，左側を下にして横たわっていた．4号人骨の周辺から採取された土壌試料の花粉分析によると，アザミ，ノコギリソウ，ヤグルマギクなどを含む8種類以上の草花が同定された．このように，ムスティエ文化をつくりだした人びとは，仲間の死を悼み，丁重に葬り，そして死者に花をそなえるという優しい心を持っていたのであろう（ソレッキ，1977）．

　この発見により，ネアンデルタールが葬送儀式を行うほど精神文化が進んでいたことがわかり，「野蛮」という見方を大きく変えさせることになった．

8.2　ホモ・ハイデルベルゲンシス

　ホモ・ハイデルベルゲンシスは，ホモ・エレクトスからホモ・サピエンスへ至る途中の種の名称として用いられる．マウエルで発見された50万年前の下顎骨は，ホモ・エレクトスとの類似点とネアンデルタールとの類似点を両方そなえている．

　ヨーロッパではこの他にも50-20万年前の人類化石が多数見つかっている．フランスのアラゴ，ギリシャのペトラロナ，スペインのアタプエルカ，イギリ

スのスワンズコム，ドイツのシュタインハイムなどから出土し，これらは，ネアンデルタールの系統的祖先に相当するが，形態的特徴を部分的にしか示していない．また，同時代のアフリカの人類化石としては，60-20万年前のエチオピアのボド，ザンビアのカブウェ，南アフリカのエランズフォンテイン，タンザニアのンドゥトゥ，モロッコのサレなどがあり，ヨーロッパの人類化石との類似性も指摘されている．

広義のホモ・ハイデルベルゲンシスは，これらのヨーロッパとアフリカの化石を含み，ホモ・エレクトス以上に脳の大型化（約1,000-1,400 cm^3）が進んだ種として認められている．また，中国でも，ホモ・エレクトスよりも進歩的な約30-15万年前の頭骨がいくつか発見されており（金牛山，大茘，馬壩など），ホモ・ハイデルベルゲンシスがアジアまで拡散したとする説もある（諏訪，2006）．

こうした広義のホモ・ハイデルベルゲンシスの種の概念に対し，ヨーロッパでは約50万年前から，隔離された状態によって，ホモ・ネアンデルタレンシスへ至る系統が形成されたとする研究者もいる．この場合には，アフリカの60-20万年前の化石は別種とすることになり，ザンビアのカブウェの頭骨に与えられた種名ホモ・ローデシエンシス（*Homo rhodesiensis*）が使われる．また，アフリカのホモ・ハイデルベルゲンシスの後期には，ホモ・サピエンスへの移行段階を示すものがあるとして，ホモ・ヘルミアイ（*Homo helmei*）という種名が使われることもある（諏訪，2006）．

ホモ・ハイデルベルゲンシス化石の中には約30万年前のスペインのアタプエルカSH（Sima de los Huesosの略）から出土した大量の人骨群がある．成人の男女と子どもを含む30個体以上からなり，洞窟の竪穴に死者を置いていたことによって蓄積された特別な遺跡と考えられる．この人骨群の研究から，ホモ・ハイデルベルゲンシスの特徴が明らかにされている．体は大きく，体幹は幅広い．男性では身長180 cm，体重90 kgに達していたと推定されている．他遺跡で発見されたホモ・ハイデルベルゲンシスの四肢骨標本も大柄なものが多いため，種全体として体が大きく，頑丈であったと思われる．こうした体型は，ホモ・エレクトスから受け継いだ特徴と，寒冷な高緯度地域における気候適応の双方に基づいたものであろう．一方，男女の体格差は現代人と同程度であった．また，臼歯列は小さく，歯冠形態の退化傾向もみられる．ホモ・ハイ

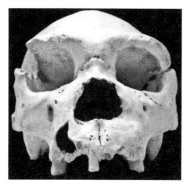

図 8-1 ホモ・ハイデルベルゲンシスの頭骨
写真：José-Manuel Benito Álvarez

デルベルゲンシスやネアンデルタールでは，もっと歯が大きい集団も知られているため，咀嚼器の退行傾向は，集団ごとに進行の程度がさまざまであり，単純な時代傾向としては説明できない（諏訪，2006）．

アフリカのホモ・ハイデルベルゲンシスの体型についてはほとんどわかっていないが，非常に大柄な四肢骨も発見されている．したがって，熱帯地域でも現代人と比べるとかなり頑丈な体型であったと考えられる．

8.3 ホモ・ネアンデルタレンシス

ホモ・ネアンデルタレンシス（ネアンデルタール）は，ヨーロッパで進化した．ネアンデルタールの年代は，約 20-3 万年前とされ，複数の全身骨格を含む 400 点以上の化石人骨が発見されている．とくに 10 万年前以降のヨーロッパの人骨が年代は新しいが旧人以前の特徴を多く示すことから「古典的」ネアンデルタールとしてよく知られている．ネアンデルタールの頭骨形態は，顔面部の前方への突出，頭骨全体がラグビーボールのように長く丸まっていること，後頭部の突出やおとがいの欠如，側頭骨の諸特徴，など極端な特徴が認められる．

ヨーロッパのホモ・ハイデルベルゲンシスを起源とし，40-20 万年前までに頭骨の独特な諸特徴がモザイク状に出現し発達していった．この時代のヨーロッパの環境は，氷期の影響が強く，アフリカやアジアから隔離されており，ボトルネック効果（集団の個体数が一時的に大きく減少すること）を受けながら，独特の特徴が蓄積し，強化されていったと推測されている（諏訪，2006）．

体型と体の大きさは，現代人と比べると頑丈でずんぐり型であった．北極圏に生活しているイヌイットより前腕と下腿が相対的に短いなど，寒冷適応した体型を持っていた．また，手や指の骨なども現代人と比べると太く大きく，

個々の四肢骨も頑丈であった．

　ホモ・ハイデルベルゲンシスの時代には，アフリカとヨーロッパに旧石器文化の重要な変化がみられる．定型化した薄片石器をつくるルヴァロワなどの技法が発達した．さらにはさまざまな薄片石器がつくられ，中期旧石器時代（ヨーロッパ）と中期石器時代（アフリカ）に移行した．この過程で尖頭器がつくられ，槍を使用した狩猟行動の発達を意味し，大型哺乳類の狩猟が重要であったと考えられる．その証拠としては，体と四肢や手の骨の頑丈さ，尖頭器が動物に刺さった状態で発見されたこと，などがあげられる．また，化石人骨にけがの跡が多いことから，至近距離での槍猟によって負傷することが多かったと推測される．さらに，窒素と炭素の安定同位体分析によって，肉食への依存の強さなども示されている．安定同位体の研究では，ケサイやマンモスなどの超大型獣が狩猟対象になっていたことを示唆するものもある（諏訪，2006）．

図 8-2　ホモ・ネアンデルタレンシス

　ヨーロッパで出現したネアンデルタールは，温暖だった約12万年前の最終間氷期（リス – ヴュルム氷期）に分布域を西アジアにまで拡げ，その後，ヴュルム氷期に入ると中近東に南下し，約10-5万年前の西アジアのネアンデルタールになったと考えられる．

8.4　ネアンデルタールの食事

　かつてネアンデルタールは氷期に近い環境で暮らし，動物の毛皮をまとい，マンモスやケブカサイの肉を食べる野蛮人として描かれることが多かった．実際には，寒くて乾燥したステップだけではなく，暖かくて湿度の高い森林地帯まで広範囲に生息していた．生活環境は時代によって変化し，場所によって異なっていた．

　フランス南部のマラ岩陰遺跡の食物残渣の解析から，ネアンデルタールがマ

ンモスやバイソンなど大きくて危険な動物ばかり食べていたのではなく，小型で素早いウサギや魚などさまざまな動物を食べていたことが示された．これらの獲物はいずれも，レベルの低い道具しか持たないネアンデルタールには捕まえられないと以前は考えられていた．マラ岩陰遺跡からはシロニンジンやゴボウなどの植物やキノコを集めていたこともわかった．そして，これはユーラシア一帯（イラクからベルギーまで）のネアンデルタールが，さまざまな植物を食べていたことがわかっている．歯石や石器についた食物残渣を調べた研究では，ネアンデルタール人が現代のコムギとオオムギに近い植物を食べやすいように調理して食べていたことが明らかになった．また，イモのデンプンやナツメヤシ特有の成分も微量ながら見つかった．つまり，ネアンデルタールと初期ホモ・サピエンスの食べ物にほとんど差はなかった（ウォン，2015）．

ネアンデルタールの歯の微小摩耗痕に関する最近の研究により，生活環境によって食物に差異のあることが明らかになった．森林やステップで暮らしていたネアンデルタールの大臼歯には複雑なくぼみのある微小摩耗痕があり，硬くて割れやすい植物性食物を食べていたと推測される．一方，開けたステップで暮らしていたネアンデルタールの大臼歯の微小摩耗痕は複雑でないことから，柔らかい肉を中心とした食事が多かったと考えられる．切歯の微小摩耗痕の違いからも，ステップのネアンデルタールは切歯を使って動物の毛皮を処理し，森林のネアンデルタールはバラエティーに富んだ食事を摂っていたと考えられる．このような違いは初期のネアンデルタールにも後期のネアンデルタールにも認められる．ネアンデルタールは食物に対して柔軟性があり，生息地の食物条件に適応していたと判断できる（アンガー，2019）．

これに対して，最終氷期にヨーロッパにすんでいたホモ・サピエンスは微小摩耗痕の差異が小さい．どの時期でも，森林とステップにおいて，大臼歯の微小摩耗痕の違いはほとんどない．おそらく環境変化に直面したときに，ネアンデルタールよりも現生人類の方が必要な食物を多く獲得できたのだろう．時期と場所によって食事が異なり，気候や生息環境，そして入手可能な食物が絶えず変化したことによって人類は柔軟な食性を進化させた可能性が高い．つまり，私たちの祖先は柔軟な食性のおかげで地球全体に拡がることができ，地球上の多種多様な環境において，食べられるものを見つけることができたのである．

8.5 ネアンデルタールの知性

　ネアンデルタールの頭蓋骨の化石から認知能力に関する手がかりを探る研究が続いている．頭蓋内鋳型（頭蓋骨の内側についた痕）の研究では，絶滅した人類の脳の形を復元することによって，脳全体の大きさだけでなく一部の脳領域の形も明らかにできる．ホモ・サピエンスと比べると，ネアンデルタールの脳は前後に長くて低い（ラグビーボール型）が，サイズはほぼ同じで，むしろ大きいものが多い．主に問題解決などを担う領域である前頭葉（13章参照）の大きさは，頭蓋内鋳型から判断して現代人のものとほぼ同じである．これらの解析では，ネアンデルタールとホモ・サピエンスの脳には，明瞭な差はほとんど認められなかった．頭蓋内鋳型は脳の進化に関するもっとも直接的な証拠だが，認知能力についてはっきりしたことはわからない（ウォン，2015）．

　ネアンデルタールの化石人骨から採取したDNAの解析によって，ホモ・サピエンスがアフリカから移住してきた後に両者が交配していたことがわかった．この交配の結果としてネアンデルタールのDNAが多くの現代人の中に残っている．各個人が持つネアンデルタールのDNAはごくわずかだが，全員が同じ部分を持っているわけではない．現代人の多数の試料から得たネアンデルタールのDNAをつなぎ合わせると，ネアンデルタールのゲノムの35-70％を再構築できる．アフリカ人以外の現代人が持つネアンデルタール由来のDNAの比率は1.5-2.1％である．2010年にネアンデルタールゲノムの概要が発表されて以来，DNA解析によって，ネアンデルタール人とホモ・サピエンスを比較する研究が進んできた．ネアンデルタール人はFOXP2という言語能力に関係する遺伝子に，ホモ・サピエンスと非常によく似たタイプのバリアント（多様体とも呼ばれる遺伝子の変異）を持つことがわかった．ただし，ネアンデルタールの他のゲノムの部分は，私たちのゲノムと大きく異なり，CNTNAP2など他の言語に関係する遺伝子は違うタイプを持っていた（ウォン，2015，ニュートン編集部，2019）．

　ネアンデルタールの脳がどのように機能していたかを遺伝子から推測する研究の課題は，遺伝子が思考にどう影響しているかがほとんどわからないことにある．現代人の認知能力が遺伝子からはほとんどわからない現状では，遺伝子

からネアンデルタールの認知能力を推測するのは不可能である.

　化石人骨の解剖学研究には限界があり，DNA研究もまだ揺籃期にあることを考慮すると，ネアンデルタールの知性を探る最良の方法は，この絶滅人類が残した文化的遺物を調べることである．もっとも驚くべき発見の1つに，ホモ・サピエンスが到来する前のネアンデルタールの文化における美的概念や表象的思考を明らかにしたものがある．ジブラルタルのゴーラム洞窟で見つかった約4万年前の壁面の彫り跡や羽の使用形跡などに，ネアンデルタールが象徴的な思考をしていたことを示す証拠がある．イタリア・ベネト州のフマネ洞窟では，羽を使用していた形跡と，100 km以上離れた場所で採取された巻き貝を赤く塗った化石が発見されている．この貝は4万7,600年以上前のもので，紐でぶら下げてペンダントとして使われていた（ウォン，2015）．スペイン南東部のアヴィオネス洞窟やアントン洞窟でも，5万年前の顔料の付いた貝殻が見つかっている．赤や黄色，キラキラした黒い化粧品とみられる顔料を混ぜたり入れたりする容器として使われていた．また，ほかに穴の開いた貝殻もあり，装飾品として使われていたことを示している（ウォン，2013）．オランダのマーストリヒト・ベルヴェデーレの約25-20万年前の遺跡から，レッドオーカー（酸化鉄を含む赤褐色の土）の飛沫が発見されている．この赤い色素は粉末状にして液体と混ぜ合わされ，地面に滴り落ちたものだった．この赤い液体でネアンデルタール人が何をしていたのかははっきりしていないが，顔料として装飾的な目的に使われていた可能性が高い．

　さらに，芸術性に関連しては，サピエンスが現れる前のヨーロッパで，ネアンデルタールが洞窟に絵を描いた証拠が発見された．ドイツの研究チームは，スペインの2つの洞窟の壁に赤や黒の顔料で描かれた，動物や直線，手形などを分析した．顔料内のわずかな放射性物質を用いて年代を調べた結果，約4万年前とした従来の解釈よりも古い，6万4,000年以上前のものと判断した．ヨーロッパにホモ・サピエンスが現れたのは4万5,000-4万年前なので，スペインの壁画はホモ・サピエンスが現れるよりも2万年以上前に，ヨーロッパに進出していたネアンデルタールによって描かれたと結論づけた（Appenzeller, 2018）．壁画などに表れる記号を扱う思考はホモ・サピエンスの特徴とされてきたが，動物や手形の絵を描いていたネアンデルタールも高い知性を持っていた可能性

が高い．

　こうした新発見から，ネアンデルタール人が抽象的なものを思い描き，その情報をシンボルで伝える能力を持っていただろうと推察することができる．表象的思考は言語でコミュニケーションする能力の基本なので，ネアンデルタール人が実際に表象的思考をしていたなら，言語も存在しただろう．さらに，道具の製作も重要で，2013年にフランスのドルドーニュ地方にある5万3,000-4万1,000年前のネアンデルタールの2つの遺跡で骨角器が発見された．なめし棒と呼ばれるもので，動物の皮を柔らかく滑らかにして防水性を持たせるために使う道具である．シカの肋骨からつくり，胸骨側の端を丸く成形して，乾燥させた皮に一定の角度で押しつけて，こすることで皮をなめしていた．さらに，約9万年前の遺跡からは，紐や縄をつくるのに使われていたようなねじれた植物繊維の遺物が見つかり，網や罠，袋をつくっていた可能性がある．木片も見つかっており，ネアンデルタール人が木から道具をつくっていたことが推測される（ウォン，2015）．

8.6　ネアンデルタールの絶滅

　先にも述べたように，ネアンデルタールは，その体型からおろかで野蛮であり，ホモ・サピエンスよりも認知能力がはるかに低いため絶滅したと考えられてきた．ネアンデルタールとホモ・サピエンスの脳の構造やDNAには確かに違いがあるものの，これらの違いがその機能にどれくらい影響したのかは不明である．他方で，石器などの文化的遺物からは，ネアンデルタールが知的な行動をしていたことが明らかになり，知性の差はそう大きくはなかったとも考えられる．これらの発見から，ネアンデルタールが絶滅し，ホモ・サピエンスが繁栄したのは，知性とは別の原因によると考えられる（ウォン，2015）．

　そこで，人類生態学の視点で，環境と人口について検討してみよう．アフリカで進化したホモ・サピエンスはネアンデルタールより人口が多かったと考えられている．人口が増加すると簡単に捕れる獲物などの食料が減り，ほかの食べ物を手に入れるために新しい道具をつくり出さなければならなかった．新しい技術を携えてアフリカからユーラシアに移住したときには，先住者のネアン

デルタールよりもうまく環境を利用できた．ホモ・サピエンスはネアンデルタールより競争条件の激しい環境で生き残るための技術を磨いてきたので，ネアンデルタールよりも有利な立場にあったのだろう．

　ホモ・サピエンスの人口の多さは技術革新を促しただけでなく，規模が大きく結びつきが強い社会のため，新しい知識を着実に維持・蓄積していく効果が強まった．

　しかし，ホモ・サピエンスがアフリカから出てすぐにネアンデルタールが絶滅したわけではない．スペインからロシアまでヨーロッパに存在するネアンデルタールと初期ホモ・サピエンスの数十カ所の遺跡の年代を新しい年代測定法で特定した結果，2つの集団はネアンデルタールが最終的に姿を消す約3万9,000年前までに，2,600-5,400年間ヨーロッパ大陸で共存していたことが明らかになった．共存期間がこれほど長ければ，2つの集団が交配する時間は十分にあっただろう．8.5節で述べたDNA解析の結果からも，ホモ・サピエンスがアフリカを出て拡がった後，ネアンデルタールとの間で交配があったと推測される（ウォン，2015）．

　一部の専門家は，小規模のネアンデルタール集団とホモ・サピエンスの大集団の混血が進み，遺伝子プール（集団中の遺伝子全体）がのみ込まれたことでネアンデルタールは絶滅に至ったと考えている．ネアンデルタールの数は多くなかったので，他地域から来たホモ・サピエンスと混ざり合い，次第に姿を消していったと推測される．

9 新人

9.1 新人の起源と特徴

　新人（ホモ・サピエンス）は，約20万年前にアフリカで旧人のホモ・ハイデルベルゲンシスから進化した．10万年前頃までに西アジアに進出し，その後世界全体に拡がった．化石現生人類（*Homo sapiens fossilis*）と最初に認められたのは，1868年にラルテ（L. Lartet）によって発見された5体の人骨で，フランスのクロマニョンの岩陰遺跡から，後期旧石器時代のオーリニャック文化の遺物を伴って出土した．約3万5,000年前のこの人骨はクロマニョン人と呼ばれるが，現代ヨーロッパ人の祖先である（図9-1）．身体の特徴は現生人類と基本的に同じで，頭骨が高く丸く，顔面部が小さく，眼窩上隆起がなく，おとがいがある．新人段階に入ってからも，文化的適応による小さな進化は現在まで続いており，体形の繊細化，短頭化，歯の小型化などがみられている．

　新人の起源については，多地域進化説とアフリカ起源説がある．多地域進化説ではアジアやアフリカ，ヨーロッパのそれぞれの地域で原人から旧人，そして新人へと進化をとげたと考える．それに対し，アフリカ起源説では新人も猿人や原人と同様にアフリカで誕生し世界に拡がったと考える．エチオピアのオモ（キビッシュ），南アフリカのクラシースやボーダー洞窟で化石人骨が発見され，DNA研究などからも，アフリカ起源説が有力になっている（9.2節参照）．

　ヴュルム氷期が終わる頃，石器製作，狩猟技術，食物の調理法，住居などの生活技術の革新が進んだ．後期旧石器文化では，石刃技法や骨器が現れ，洞窟壁画やビーナス像の製作など芸術の萌芽も認められる．大規模な平地集落がつ

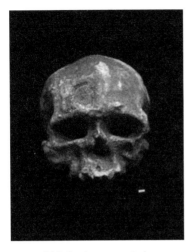

図 9-1 クロマニョン人
写真提供：国立科学博物館

くられるようになり，副葬品をともなう墓も平地につくられた．しかしながら，技術の発達により自然生態系のかく乱も始まった．狩猟技術の発達は大型獣の乱獲を引き起こし，マンモスなどの大型哺乳類の絶滅の原因となった．生態系の法則からすれば，被食者（大型哺乳類）の個体数が減れば，捕食者であるヒトの人口も減ることになる．新人は弓矢による小型獣の狩猟や釣り針による漁撈を始めるなど，さまざまな技術革新によってこの危機に対応したが，狩猟，採集，漁撈に依存する生業形態は人口増加（人口圧）のために変化し，定住生活に移行して農耕と家畜飼育の始まりにつながっていく（大塚他，2012）．

9.2 ホモ・サピエンス

　ホモ・サピエンスとは，「現代型」ホモ・サピエンスである．現代型ホモ・サピエンスとは，「古代型」ホモ・サピエンスと対照して使われていた呼称である．もともとは解剖学的に現生人類と同じホモ・サピエンス，いわゆる新人段階の化石のことを意味していた．古代型ホモ・サピエンスは，ホモ・ハイデルベルゲンシスとホモ・ネアンデルタレンシスを含んでいた．以下，ホモ・サピエンスは「現代型」の意味で用いる．

　ホモ・サピエンスは，ホモ・ハイデルベルゲンシスやホモ・ネアンデルタレンシスと比べると次の4つの特徴がある．(1) 頭骨が高く丸まっており，個々の骨の形もそれを反映している．(2) 顔面部が縮小し，脳頭蓋に対してより下後方に位置している．(3) 連続した眼窩上隆起が消失し，正中部の眉上弓と側方の三角隆起が分離した構造になっている．(4) おとがいが形成される（諏訪，2006）．

新人の起源は，先にも述べたように多地域進化説とアフリカ起源説がある．現代人の分子レベルの研究，とくにミトコンドリア DNA の研究によって，現在ではアフリカ起源説が優勢になっている．化石研究の立場からも，1980 年代の初頭から強く支持されていた．その根拠となっていたのは，エチオピアのオモ，南アフリカのボーダー洞窟出土のホモ・サピエンスの化石人骨である．これらは約 10 万年前と推定され，当時のホモ・サピエンス化石としては，古い年代である．また，遺伝データが注目され始めた 1980 年代後半には，中近東のカフゼとスクールの標本群について，約 10 万年前という古い年代推定が発表された．さらに，アフリカではホモ・ハイデルベルゲンシスとホモ・サピエンスの中間的な頭骨化石が次第に発見されていったことも，アフリカ起源説を強めることになった（諏訪，2006）．

　近年，エチオピアのヘルトの頭骨化石が注目されている．発見された 3 個体分の頭骨のうち，もっとも保存のよい成人の頭骨は，眉上弓と後頭部の突出が強く，顔面が全体的に大きいなどの旧人の特徴も認められるが，頭蓋冠が高く，顔面の前突の程度が弱いなど，現代的な形態も示している．脳容量は 1,450 cm^3 であり，現代人の平均値に近い．これらの頭骨には，人為的につけられた傷跡があり，死者を弔うなんらかの行為がなされた可能性がある（諏訪，2006）．

　このように，アフリカでは古くからネアンデルタールとホモ・サピエンスが同時代に存在したことは間違いない．ホモ・サピエンスは，遅くとも約 20-15 万年前までにはアフリカに出現し，約 10 万年前までに西アジアにまで分布を拡げた．さらに，この初期の拡散とは別に，約 5 万年前以後に中近東経由でヨーロッパに拡散したと考えられる（10 章も参照）．その結果，ヨーロッパでは約 3 万年前からネアンデルタールが絶滅した．この過程で，ホモ・サピエンスとネアンデルタールの混血があったと推測されている（諏訪，2006）．

　ところで，これまでで最古となる約 30 万年前のホモ・サピエンスの化石人骨が，北アフリカのモロッコ西部のジェベル・イルード遺跡で発見された．ドイツのマックスプランク進化人類学研究所とモロッコの国立研究所のチームが英科学誌『ネイチャー』に発表した（Hublin *et al.*, 2017）．従来の年代を 10 万年近くさかのぼり，想定よりも早い時期にアフリカで現生人類が進化したことを示す証拠かもしれない．化石から復元した頭蓋骨は顔立ちが現代人に似ている

が，脳を収める頭部の形状に，ネアンデルタールに似た特徴がある．

　一方，アジアの他地域へのホモ・サピエンスの拡散に関しては，ほとんど解明されていない．アジア地域内で連続的に進化したことを示す例に，インドネシアのホモ・エレクトスからオーストラリア人への進化がある．連続であることを示す形態特徴の多くが，骨格の頑丈さに関連しているが，これは祖先的形質を示しているにすぎず，ホモ・エレクトスとの連続性は示していないとして，近年は否定的な見方が増えている．次に，ジャワ島の最上層のホモ・エレクトス（ガンドン）化石の年代が，約 10-5 万年前以降と推定されているので，インドネシアのホモ・エレクトスからオーストラリア人への移行は年代的にも解釈が難しい．ただし，ガンドンの推定年代の信頼性は低い．さらに，ガンドンのホモ・エレクトス化石は形態の特殊化が進行しており，ホモ・サピエンスへの移行に関わったとは考えにくい（諏訪，2006）．

　現生人類の起源については，遺伝的・形態的特徴の多くがアフリカ由来であると認められている．約 30-10 万年前に出現したアフリカのホモ・サピエンスが，行動的にどの程度現代に近かったかわかっていない．石器についてみると，中近東ではネアンデルタールも初期のホモ・サピエンスも同じ中期旧石器文化の段階であるため，双方の間の行動や生活様式が大きく異なっていたとは考えられない．体型については，約 10 万年前のホモ・サピエンス（スフール，カフゼで発見された人骨）は，ネアンデルタールとは異なり，より現生人類に近く華奢であった．また，アフリカの中期石器時代においては，後期石器時代を予見させるような，新しい文化要素（石刃技法，骨器，シンボリックな遺物など）が出現していた．アフリカでは，ホモ・ハイデルベルゲンシスの後期からホモ・サピエンス時代を通して，段階的に現代のような人類に進化していった可能性が高い．先史考古学的証拠によれば，約 5 万年前になると，ホモ・サピエンスは後期旧石器時代の複雑な道具を使うようになり，それを生み出す文化が発展し，現代的な行動・生活様式を展開していった（諏訪，2006）．

9.3　デニソワ人

　ロシアのアルタイ山脈にあるデニソワ洞窟（ロシア，中国，モンゴルの国境に近

い地域）で，2008年に，4万1,000年前頃のヒト属の化石人骨が発見された．洞窟名にちなんでデニソワ人と呼ばれる（シュリーブ，2013）．出土したのは小指の骨と臼歯にすぎないが，DNAの分析によって，この人骨がネアンデルタール人でもホモ・サピエンスでもない，未知の人類であることが明らかとなった．この人類の形態学的な特徴はまったく不明なので，正式には新種の人類というわけではないが，DNAデータから予測された人類は，これが最初である（篠田，2016）．

　この骨の一部がドイツのライプチヒにあるマックスプランク進化人類学研究所のペーボ（S. Pääbo）が率いる研究チームに送られ，次世代シーケンサー（遺伝子の塩基配列を高速に読み出せる装置）を使ってゲノム解析が行われた（ペーボ，2015）．発見された骨のミトコンドリアDNAの解析結果から，デニソワ人は現生人類とは異なる未知の新系統の人類であると発表された（Krause et al., 2010）．見つかった骨の一部は5-7歳の少女の小指の骨であり，細胞核のDNAの解析を行い，全ゲノムの解析結果が公表された（Reich et al., 2010）．デニソワ人はネアンデルタール人との共通点が現代人よりも多く，デニソワ人は47-38万年前にネアンデルタール人と別れた旧人であることが確かめられた．現在東アジアや南アジアに住む人にもデニソワ人のDNAが0.2-0.6%含まれている．

　デニソワ洞窟では，さらに約9万年前の骨片も発見された．スロン（V. Slon）らは，標本の祖先を明らかにするために，ゲノムの塩基配列を決定し，デニソワ洞窟で見つかったネアンデルタールとデニソワ人，およびアフリカ系の現代人のDNAと比較した．その結果，標本のDNA断片の約40%はネアンデルタール人のDNAと一致していて，もう40%はデニソワ人のDNAと一致することが分かった．性染色体の塩基配列も決定し，この骨片が女性のものであること，また，骨の厚みから，彼女が13歳以上であることが明らかになった（Slon et al., 2018）．両親が別々の絶滅グループに属する古代人類が確認されたのは，初めてのことである．古代や現代のヒトゲノムの中に，ネアンデルタール人やデニソワ人の遺伝子の痕跡が見つかっているので，科学者たちは交雑があったと考えている．ただし，交雑によって生まれた子の存在が実際に確認されたのはこれが最初である．

　ホモ・サピエンスにデニソワ人のDNAが受け継がれているかどうかの検討

も行われており，メラネシア人の 4-6％にデニソワ人の DNA が入っていることが示された．不思議なことにデニソワ人の DNA は東アジアやヨーロッパの集団には認められていない．

　その後に現在の東南アジアのグループのゲノムを調査したところ，デニソワ人のゲノムがこの地域の広範な集団に共有されていることが明らかとなり，東南アジアで交雑が起こった可能性が高いことがわかった．デニソワ人の化石がシベリアで発見されたことから，デニソワ人はシベリアから熱帯アジアまでの非常に広い地域に分布し，後に移住してきた現生人類と混血したと考えられる．ジャワ原人や北京原人の子孫のいずれかが，デニソワ人である可能性もある．この問題はシベリアでデニソワ人の形態を明らかにする化石が発見されるか，あるいは東南アジアや東アジアで原人の DNA の解析が成功すれば，結論を得ることができるだろう（篠田，2016）．

9.4　ホモ・サピエンスの進化の特徴

　従来，ホモ・サピエンスの起源については，アフリカのある 1 つの地域で，現在の私たちとほとんど変わらない姿で誕生し，その後アフリカを出て世界に拡散し，ネアンデルタールなどの旧人類に取って代わったと考えられてきた．賢いホモ・サピエンスは，旧人類と交流せず，独自に進化したというストーリーである．ところが，考古学や古生物学，遺伝学によって多くの新しい知見が得られるようになって，このストーリーは変更を迫られている．9.3 節のデニソワ人のように，最近の研究によると，ホモ・サピエンスはアフリカの各地で誕生し，他の人類と交配し，それがホモ・サピエンスが生き残る成功の一因となったことが示唆されている．

　2010 年に，ネアンデルタール人の化石から回収された核 DNA の配列を解読した結果が発表された．ネアンデルタール人と現代人の核 DNA の比較から，アフリカ以外の現代人はネアンデルタール人の DNA を持っていることが示された．つまり，ホモ・サピエンスとネアンデルタールは交配していたことが明らかになった．これは，ペーボたちが，次世代シーケンサーを使ってゲノム解析をし，ネアンデルタールのゲノムの概要（ゲノム全体の約 60％に相当）を初

めて明らかにして導き出した結論である．クロアチアのヴィンディア洞窟で発掘された3万8,000年以上前のネアンデルタール人の骨3本から採取したDNAが用いられた（Green et al., 2010）．

その後に行われた古代ゲノム研究で，現代人の遺伝子プールにネアンデルタール人を起源とするものがあることが確認され，同様に他の旧人類を起源とするものもあった（太田，2014）．さらに，ホモ・サピエンスが20万年前以後に出現したという説に反して，ネアンデルタールとホモ・サピエンスはそれよりかなり前，おそらく約50万年前に共通の祖先から分岐したことが古代人のDNAの解析から示唆された．もしそうなら，ホモ・サピエンスは化石記録が示す時期よりも2倍以上も前に出現したことになる．

モロッコのジェベル・イルード遺跡における最近の発見では，化石人骨や文化的証拠，ゲノム解析による遺伝学的証拠によって，ホモ・サピエンスの起源に関する新しい見方が強まってきた．1961年に最初の化石が発見されたときは，約4万年前のネアンデルタール人のものだとされた．だが，その後も発掘と分析が続けられ，その推定が修正された．2017年6月，マックスプランク進化人類学研究所のユブラン（J.-J. Hublin）らが，ジェベル・イルード遺跡で人骨化石と中期石器時代の石器を新たに発見した（Hublin et al., 2017）．2種類の年代測定技術を使って遺物が約31万5,000年前のものだと推定された（Richter et al., 2017）．現時点で最古のホモ・サピエンスの化石と最古の中期石器が同時に見つかったことになる．この発見によって，ホモ・サピエンスの出現年代は10万年以上遡るとともに，その化石人骨が最古の中期石器の製作者であることが明らかになった．

ジェベル・イルードの化石がホモ・サピエンスではない近縁種のものとする専門家もいるが，ユブランらの主張が正しいなら，ホモ・サピエンスの頭蓋の特徴がその誕生とともに一斉に生じたわけではないことになる．たとえば，ジェベル・イルードの化石は顔面骨が小さく現代人に似ているが，頭蓋はドーム形ではなく，旧人のように前後に長い．この違いは脳組織の違いを反映し，現代人と比較すると，ジェベル・イルード人骨は感覚入力を処理する頭頂葉と言語や社会認知などの機能に関与する小脳が小さい．ジェベル・イルードで発見された考古学的遺物は，中期石器時代の特徴を完全には示していない．中期石

器時代人は草原のガゼルを狩猟して解体するために石器を使った．また，料理をしたり，暖を取ったりするために火を使っていただろう．だが，遺跡からは記号を使う象徴表現の痕跡がまったく認められない．つまり，ホモ・サピエンスはネアンデルタールやホモ・ハイデルベルゲンシスよりも特に優れていたわけではなかった．

　ホモ・サピエンスのすべての特徴がそろい，真のホモ・サピエンスとなったのは，10万年前から4万年前の間である．誕生から真のホモ・サピエンスになるまでの20万年間，あるいはそれ以上の間に起こった変化を考えてみると，初期のホモ・サピエンス集団の人口と構造が，この変貌の要因となった可能性が高い．

　2018年7月にシェリー（E. Scerri）らは，アフリカのさまざまな集団におけるホモ・サピエンスの進化について，総合的な論説を発表した（Scerri *et al.*, 2018）．最古のホモ・サピエンスとされるモロッコのジェベル・イルードの化石人骨，エチオピアのヘルトとオモの化石人骨，南アフリカのフロリスバッドで出土した部分頭蓋骨は互いに大きく異なっていて，現代人の間に見られる差よりも大きい．それらが異なる種や亜種という可能性もあるが，おそらく初期のホモ・サピエンスがきわめて多様だったことを示すのだろう．化石資料とDNA，考古学の最近のデータをまとめると，ホモ・サピエンスがアフリカの特定の地域で小集団として進化したのではなく，大集団から生まれたと考えられる．

　大集団は広大なアフリカ大陸に分布する小さなグループで構成され，各グループは砂漠のような生態学的障壁や遠く離れた位置のために数千年間，互いに隔離された状態になることが多かった．各グループはそうした隔離期の間に，乾燥林帯やサバンナ，熱帯雨林，海岸といったそれぞれの環境に適応し，生活技術を発達させた．一方で，グループ間の接触が起こることがあり，遺伝子交換や文化的交流が生じて，ホモ・サピエンス種としての系統の進化につながった．

　ホモ・サピエンスが誕生した頃の地球環境は，10万年周期の氷河期で20万年前頃の間氷期から氷期に向かって寒冷化していた時期である．変化の激しい気候によって，集団は分裂したり集合したりを繰り返していただろう．たとえ

ば，サハラ砂漠は常に砂漠状態であったのではなく，緑に覆われて川や湖のネットワークが広がっていた時がある．サハラが緑化していた時代には，砂漠によって離散していた集団が交流したであろう．サハラが再び砂漠化すれば，また隔離されて，それぞれの集団が独自の進化を進めた．メンバーの行来によってつながりを保ちつつ，複数のサブ集団がそれぞれの生態学的地位に適応したと考えれば，ホモ・サピエンスの身体形質がモザイク状に進化したことと一致する．石器文化についても，世界各地で出土する前期旧石器のアシュレアンは類似性が高いのに対して，中期石器時代の石器にはかなりの地域差があることも説明がつく．複雑な技術と記号の使用は時間がたつにつれてアフリカ全土で見られるようになったが，各サブ集団は環境や習慣に合わせて，独自の文化をつくった（Scerri et al., 2018）．

化石人骨や考古学的発見，そしてDNA解析の証拠が集積するにつれ，ホモ・サピエンスは20万年（あるいは30万年）以上前に，1つの地域ではなくアフリカ全体で誕生したと考えられている．脳の特徴など，ホモ・サピエンスを特徴づけるいくつかの形質は，少しずつ進化した可能性が高い．さらに，ホモ・サピエンスが他の人類と実際に交配したことが極めて明確となり，そうした異種交配がホモ・サピエンスの成功において重要な要因だった可能性が明らかになった．これらの研究結果を合わせると，ホモ・サピエンス誕生の全体像が込み入ったものであり，ホモ・サピエンスの成功は偶然が重要な役割を果たしたようである（ウォン，2018）．

現生人類ホモ・サピエンスが誕生したころの地球は，気候や海面の高さ，動植物が現在と異なっていた．そしてホモ・サピエンスとは異なる別の人類が，それぞれの環境で生きていた．アフリカには，脳が大きいホモ・ハイデルベルゲンシスと脳の小さなホモ・ナレディがいた．アジアにはホモ・エレクトスとデニソワ人，そして後にはホモ・フロレシエンシスがいた．ヨーロッパと西アジアは頑丈な体格のネアンデルタール人によって支配されていた．ところが，このように非常に多様だった原人や旧人たちはやがて姿を消し，約4万年前までに人類はホモ・サピエンスだけになっていた．私たちホモ・サピエンスの種だけが生き残った要因は何なのか，どのようにして唯一最後の人類となったのだろう．

大きな脳を進化させ，行動を洗練させたのは，ホモ・サピエンスだけではなかった．中国で発見された30-5万年前のデニソワ人と考えられるヒトの化石は脳が拡大している．また，ネアンデルタールは，長期間，複雑な道具を発明し，独自の象徴表現や社会的つながりを発展させた．しかし，ホモ・サピエンスの場合と異なり，高度に発達することはなく，生活様式に不可欠なものとなることもなかったようである．これらの人類は同じ方向に進化しているけれども，ホモ・サピエンスは認知能力と社会的な複雑さ，繁殖成功率において閾値を超えた．約5万年前，アフリカで鍛えられて磨かれたホモ・サピエンスは，地球上のどんな環境にも進出して繁栄のできる存在になっていた（ウォン，2018）．

　ホモ・サピエンスは，数十万年にわたり，サブ集団同士が離合集散を繰り返すことによって他の人類よりも優位に立つことができたのだろう．それだけではなく，絶滅人類もホモ・サピエンスの繁栄に大きな貢献を果たした．ホモ・サピエンスがアフリカ内外を移動する過程で出会った旧人類は，単なる競争者ではなく，配偶者でもあった．ネアンデルタール人のDNAはユーラシア人のゲノムの約2%を占め，デニソワ人のDNAはメラネシア人のDNAの5%を構成する．

　2017年に，デニソワ人とネアンデルタール，ホモ・サピエンスの交雑の状況を詳しく解析した研究が発表された．デニソワ人のゲノムを受け継いだとされるメラネシアの集団を含む，世界各地の159集団から得られたゲノムデータを，デニソワ人，ネアンデルタールのゲノムと比較してその交雑の状況を推定したこの研究によれば，ネアンデルタール人からホモ・サピエンスへのDNAの流入は複数回起こっているが，デニソワ人からメラネシア人への流入は一度の出来事だった．これまでのネアンデルタールとホモ・サピエンスのゲノムの比較研究からは，東アジアの集団の方が，ヨーロッパ人よりも総体として多くのネアンデルタールのDNAを受け継いでいることが示された．

　アフリカ人以外の現代人は，各自が1.5-2.1%のネアンデルタール人の遺伝子を受け継いでいる．各個人が持つネアンデルタールのDNAは異なっており，現代人が持つネアンデルタール人由来のDNAを合わせると，ネアンデルタールのゲノムの35-70%を再構築することができるといわれている．デニソワ人

のゲノムも高精度で読み取られており，メラネシア人のゲノムとの比較も行われている．35人のメラネシア人との比較で，それぞれに1.9-3.4%のゲノムが伝えられていることがわかっている．したがってメラネシア人の場合は，5%近くのゲノムが別の人類からもたらされていることになる（篠田，2016）．

　ホモ・サピエンスのゲノムの中には，ネアンデルタールやデニソワ人から高頻度でDNAを受け取った領域と，全く伝えられなかった領域がある．ホモ・サピエンスが旧人類から受け継いだDNAの一部は，ホモ・サピエンスが地球全体に進出していく過程で，新たな環境への適応に有利にはたらく遺伝子であった可能性が高い．現代人のゲノムに含まれるネアンデルタールの配列で，高頻度に見られる15の配列の約半分は，体色や体毛に影響する遺伝子などで皮膚に関係するものである．アフリカで誕生したホモ・サピエンスは，太陽光に含まれる有害な紫外線から身を守るためにメラニン色素の多い皮膚だったと推測される．高緯度地域に進出すると，太陽光を浴びてビタミンDを産生するには，黒い皮膚は不利になり，くる病などを発症しやすくなる．十分なビタミンDを得るためには，色の薄い皮膚になる必要があり，ネアンデルタール由来の皮膚関連遺伝子が，高緯度地域に適応する進化を助けた可能性がある．残りの約半分の配列は免疫に影響を及ぼすもので，新しい環境に拡散したとき，未知の病原菌やウイルスに対する抵抗力を得たと考えられる．異種交配を通じて，現生人類はネアンデルタール人由来の適応力を獲得していたので，未知の病原体をよりうまく撃退できた．ネアンデルタールだけではなく，現代のチベット人は標高の高いチベット高原の低酸素環境に対処するのを助ける遺伝子変異をデニソワ人から受け継いだ．また，現代のアフリカ人は有害な口腔細菌の撃退を助ける可能性がある遺伝子変異を未知の古代の祖先から受け継いだ．長い年月をかけて地域の環境に適応していた旧人類との交配によって，短期間で新たな環境に適応できたのだろう（ウォン，2018）．

　ホモ・サピエンスが他の人類と交配した事実は驚きではなく，異種交配が進化において重要な役割を果たしてきたことは多くの動物が示している．異種交配によって交雑個体群だけでなく新種が生まれることもあり，それらは新しい形質あるいは形質の新たな組み合わせを持っているために，新しい環境や環境変化に対して親よりもうまく適応できる．ヒトの祖先にも類似のパターンが見

られ，さまざまな系統が交わった結果，適応力があって変化できる種，つまり現生人類になったのである．ホモ・サピエンスはさまざまな系統の複雑な相互作用の産物である．ホモ・サピエンスはまさにこの相互作用で生じた変化のおかげで繁栄してきたし，相互作用なしではこれほどの成功を収めてはいなかっただろう（Ackermann *et al.*, 2016）．

　一般に，ホモ・サピエンスが出アフリカを成し遂げた後に，短期間で異なる環境に適応できたのは，文化の力であったと考えられている．しかし，ホモ・サピエンスが他の人類から遺伝子を受け継いだという事実は，生物学的な適応が交雑によって促進された可能性があることを示している．文化の力によって異なる環境に挑んだというわけではなく，100万年以上の時間をかけて異なる環境に適応してきた集団から，遺伝子を借り受けて進化をなし遂げるという特性を持っていたようである．一方，排除された遺伝子の中には，X染色体上にあって精巣で発現するものがある．ネアンデルタール由来のものは，ヒトの生殖能力を低下させたと考えられる．交雑によってホモ・サピエンスにもたらされはしたものの，この遺伝子を受け継いだ個体は子孫を残すことが難しく，排除されていったらしい．生殖能力の差によって，ネアンデルタール人とホモ・サピエンスの集団サイズに差が生まれ，規模の小さなネアンデルタール人が，規模の大きなホモ・サピエンスに飲み込まれて，絶滅に至ったのだろう．結局，生物種の優劣はどれだけ子孫を残せるかという結果にかかっており，ホモ・サピエンスの方が生殖能力で優勢だったことが，ホモ・サピエンスの繁栄をもたらしたという説明は納得できるものである（篠田，2016）．

　旧人類との交流がどれくらいの頻度で起こったか，それがホモ・サピエンスなどの進化にどの程度役に立ったかは，まだわかっていない．だが，アフリカの内外においてホモ・サピエンスが置かれた特定の環境や人口統計学的な状況が，他の人類が経験したよりも多くの遺伝子交換と文化的交流の機会を得ることにつながったのだろう（ウォン，2018）．

10　ホモ・サピエンスの世界拡散

10.1　ホモ・サピエンスの移住と拡散

　現生人類の発祥の地はアフリカ大陸である．居住圏の拡張という点で人類の生存拡大に貢献したのは，大規模な移住と拡散である．アフリカで誕生したホモ・サピエンスは，アフリカを出て西アジアへ，ついでユーラシア大陸へ，さらにユーラシア大陸東端の南側からサフル大陸（ニューギニア，オーストラリア，タスマニア島など今のオセアニアを形成している国をカバーする大陸）へ，また北方に進んでアメリカ大陸へ進出した（図10-1）．1万年前までに南アメリカ大陸南端にも到達しており，地球上の広域が人類の居住圏に組み込まれ，南太平洋の島々と，大陸の中の高山帯，砂漠，極地帯だけが居住外地域になった（大塚, 2015）．

　移住史は，発掘された人骨や遺跡の年代にもとづいて解明していく．一方で，先の章でも見てきたように，DNAを分析する研究も増え，移住史についても，DNAを使った研究が進んでいる．このときに用いられるDNAは，遺伝子の組換えが起きず女性を通して次世代に伝わるミトコンドリアDNAと，男性を通して次世代に伝わるY染色体DNAである．組換えが起きないので，突然変異が起きない限り，ミトコンドリアDNAは母と娘で同じであり，Y染色体DNAは父と息子で同じである．

　突然変異が起きると，変異したDNAが母から娘へ，あるいは父から息子へ遺伝する．突然変異が起きるのはまれだが，多数の突然変異が長い期間蓄積されると，同じ祖先を持たない限り同じDNAを持つことはなくなる．過去のあ

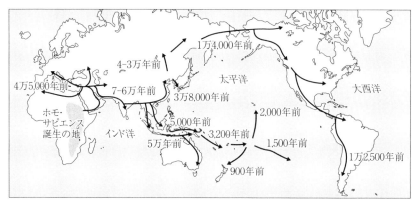

図 10-1 地球全域への拡散ルート（大塚，2015）

る時点に存在した遺伝子の子孫をたどっていくと，遺伝子の家系図ともいえる遺伝子系統樹をつくることができる．しかし，遺伝子の研究が進んでも，遺伝子だけからは，移住が起きた年代や場所を特定することはできない．遺伝子系統樹の分岐がいつどこで起きたかは，それぞれの遺伝子系統の地理的な分布，各地で発見された人骨や遺物の年代などを総合して推測する．年代測定も新たな方法が開発され精度が高まってきたとはいえ，用いられる遺物の保存状態がよくない場合など，年代測定の結果の不確実性は避けられない．

移住と拡散は，気候条件によって大きく左右される．気候変動は，動植物の分布や生息密度に影響するほか，海水面の高さを変え，移動可能なルートにも影響する．20世紀後半から過去の気候を調べる研究が急速に進み，気温や乾燥度が短い周期で変動したことが明らかになった．ホモ・サピエンスが誕生してから20万年の間で温暖な時期は，13-12万年前頃と，完新世と呼ばれる最近の約1万年間にすぎない．言い換えると，ほとんどの期間は現在よりもはるかに寒冷で，厳しい環境だった（図10-2，第1章参照）．

地球上のほぼ全域に進出した人類は，それぞれの地域内でも居住地の拡大をはかってきた．水平方向の移動では，緯度の高い寒冷地帯だけでなく，大陸内部の砂漠のような乾燥地帯にも進出した．垂直方向の移動もあり，アジアやヨーロッパ，南北アメリカの各大陸で，人びとは高山帯に進出した．南アメリカ大陸では，標高3,000 m以上の高地で，ジャガイモの栽培によってアンデス文

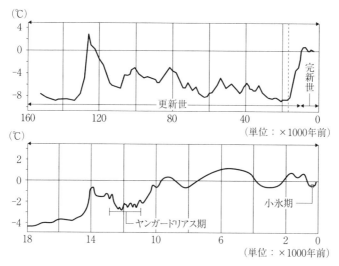

図10-2 地球の気温の長期的変化（大塚, 2015）

明が発展した．

　以下，どのような移動が行われてきたのか，くわしくみてみよう．

10.2　アフリカからユーラシアへ

　アフリカ大陸からユーラシア大陸への拡散は Out of Africa（出アフリカ）と呼ばれ，最初は 100 万年以上前の原人の時代に起こり，新人の段階で 2 度目の出アフリカが始まった．アフリカ大陸からユーラシア大陸に進出するルートは 2 つある．1 つは紅海の北側を通りシナイ半島に達するもので，もう 1 つは紅海の南端で海を渡りアラビア半島に達するものである．シナイ半島の先は，レヴァントと呼ばれる地域で，ヨルダン，イスラエル，パレスチナ自治領，レバノン，シリアを含む．アラビア半島の西南部から東へ，そして北に向かうと，ホルムズ海峡の先にペルシャ湾が広がり，チグリス・ユーフラテス川流域のメソポタミアにつながる（大塚, 2015）．

　メソポタミアからレヴァントにかけての地域は，ナイル川下流域とともに肥

沃な三日月地帯と呼ばれる（12.9節参照）．家畜化が始まった約9,500年前のメソポタミアの遺跡から，ウシ科のガゼルやムフロン，ノロバ（ロバの野生種），ノヤギ，ノウサギなどの骨が大量に発見されている．狩猟採集民にとって，食物に恵まれた地域だった（大塚，2015）．

　最初の出アフリカとなるユーラシア大陸への進出については，旧来からの化石人骨の研究と最近の遺伝子系統樹にもとづく研究からのアプローチがあり，見解が分かれている．イスラエルのカフゼ遺跡で発見されたホモ・サピエンスの頭骨が9万2,000年前のものと同定されたことから，最初の出アフリカは紅海の北側を通り，移住時期としては温暖だった12万5,000年前頃と考えられていた．ところが，遺伝子系統樹による分析によって，レヴァントへの移住者の遺伝子が現在のヨーロッパ人に見出すことができず，また，アフリカ以外の地域ではアフリカのホモ・サピエンスが保持していたはずの約20の遺伝子系統のうち，1系統しかみられないため，出アフリカは一度しか起きなかったと推測されている．この推測にしたがうと，カフゼ遺跡とは別の集団がアフリカを出て，その集団の末裔が東方のアジアにも西方のヨーロッパにも移住したことになる（大塚，2015）．

　一方，北アフリカからアジア，オセアニアにかけて6万年前より古い化石人骨が多く発見されるようになった．モロッコでは30万年以上前，エチオピアでは20-15万年前，オーストラリア北部で6万5,000年前の人骨が発見された．これらをたどると，約10万年前にアラビア半島を通って直接アジアに移動したルートが推定できる（Bae et al., 2017）．

　9万2,000年前のカフゼ遺跡の周辺を含むレヴァントでは，約8万年前以降のホモ・ネアンデルタレンシスの遺跡だけが発見されている．このことから，12万年前頃から始まった地球の寒冷化によりホモ・ネアンデルタレンシスが南下してレヴァントに移動し，それまで生息していたホモ・サピエンスはアフリカに戻ったか絶滅したと考えられている．

　これらのことから，アフリカ大陸からユーラシア大陸へのルートとして，上記の紅海の南端を通りアラビア半島を経由した可能性が注目されるようになった．このルートとすれば，アラビア半島に渡った人びとの子孫が，ペルシャ湾岸からチグリス・ユーフラテス川流域のメソポタミアに向かったと考えられる．

その後，出アフリカの第2段階ともいえる，メソポタミアを中心とする西アジアからユーラシア大陸の広域への移住が始まった．この移住により，アフリカで誕生したホモ・サピエンスが汎地球型動物への道を歩み始め，最初の段階以上に関心が持たれてきた．その開始は7-6万年前と考えられる（大塚，2015）．

10.3　インドや南アジアへの移動

ペルシャ湾をはさんで西側がメソポタミアやレヴァント，東側にインダス平原が拡がるが，東西に離れるほど環境の違いが大きくなる．レヴァントは乾燥地や山地が多いが，インダス平原は平坦で比較的湿潤である．気候が寒冷になり，乾燥した時期には，インダス平原の方が適応しやすかったため，アフリカを出てメソポタミアに到達したホモ・サピエンスは，まずインダス平原に向かったと考えられる（大塚，2015）．

しかし，インドを含む南アジアでは，4万年以上前の遺跡や遺物は発見されていない．中国でも，ホモ・サピエンスの進出を示す証拠はほとんどない．ベトナム国境に近い，北緯22度に位置する中国のジーレン洞窟で，10万年前の人骨が発見されたことが2010年に報告されたが，下顎骨と3本の臼歯だけなので，確実な証拠とは認められていない．遠く離れたオーストラリアで古い人骨や遺跡が多数発見されているので，メソポタミアから東に向かった移住が早い時期に起きたと想定されているが，南アジアや東南アジア，中国などではその証拠は発見されていない（大塚，2015）．

10.4　オセアニアへの拡散

大陸間の移住と拡散は，アジア大陸からオセアニアとアメリカ大陸に向けて起こったもので，Out of Asia（出アジア）と呼ばれる．オセアニアとは，ユーラシア大陸とアメリカ大陸にはさまれた太平洋地域を指す．出アジアの最初はオセアニアへの移住であるが，それには2回の大きな波があり，第1の波は今から約6万年前に起こった．移住者たちは海を渡り，当時は地球が寒冷で海退により形成されていたスンダ大陸の東端（現在の東南アジア島嶼部）から，サフ

ル大陸（オーストラリア大陸とニューギニア島が陸続き）に到達した．現在のオーストラリア人（アボリジニ）とニューギニア島などのメラネシア人の祖先である．

　アジア大陸の東南には多数の島が点在し，アジアとオセアニアの境界は明瞭に区別しにくいが，生息する動物相は2つの地域に区分される．インドネシアのバリ島と東のロンボク島との間のロンボク海峡は，幅が18 kmと狭いが，深さは250 mの海溝である．ロンボク海峡から北に伸び，スラウェシ島の西側，マカッサル海峡を通りフィリピンのミンダナオ島の南に至る生物の分布境界線がウォーレス線で，動物地理区の東洋区とオーストラリア区の境界になっている．オーストラリア区では，固有の哺乳動物として，有袋類や単孔類だけが生息する．飛ぶことができるコウモリだけが例外で，ウォーレス線の両側に生息する．なお，オセアニアで，アジアにもっとも近く大きな島はニューギニア島で，東半分はパプアニューギニア国，西半分はインドネシアの領土に分かれているが，自然環境からは全島をオセアニアとみなしてよい．

　この地域は，完新世が始まる約1万年前まで，海面が100 mほど低かった．ウォーレス線の西側の島々はアジア大陸と陸続きのスンダ大陸（現在では海底に沈んでおり，マレー半島からインドシナ半島に接する大陸棚にあたる）の一部になり，東側のオーストラリア大陸とニューギニア島は陸続きで，タスマニア島を含むサフル大陸を形成していた．スンダ大陸とサフル大陸の間がウォーレシアと呼ばれ，多くの島々が点在する海域で，動物の移動を阻んでいた．

　ジャワ原人の出土場所が示すように，ホモ・エレクトスはスンダ大陸の東端まで進出したが，他の哺乳動物と同様，ウォーレシアを越えることはなかった．ところが，ホモ・サピエンスは約5万年前にウォーレシアを越えてサフル大陸に進出した．その根拠は，オーストラリアで4万5,000年前の遺跡が発見されたことにある．オーストラリアでは，多くの大型哺乳類や走鳥類が4万年以上前に絶滅したが，これらの動物をホモ・サピエンスが狩猟対象としていたとすれば，ホモ・サピエンスがそれ以前に移住していた可能性を示している．ホモ・サピエンスはウォーレシアの島々を渡りながら進み，100 km離れていたサフル大陸にたどり着いた．

　サフル大陸が約1万年前に，オーストラリア大陸とニューギニア島に分かれた後，両地域のホモ・サピエンスの生活は大きく違ってきた．比較的平坦なオ

ーストラリア大陸では，17世紀初頭にヨーロッパ人に再発見されるまで狩猟採集生活が続いた．これに対し，中央部に東西に連なる山脈があるニューギニア島では，約3万年前から熱帯感染症がほとんどない，標高1,000 m以上の高地に居住するようになり，人口が増加した．人口密度が高くなったために，ニューギニアの高地では9,000年前に農耕が開始されたと考えられる（大塚，2015）．

オセアニアへの移住の第2波は，数千年前に，東南アジアで根栽農耕文化を持った人々が，カヌーによる遠洋航海術により始まった．新石器時代の農耕民が，東南アジア起源の文化に，オセアニアで開発した海産資源の利用技術を加えることによって，広大な太平洋のポリネシアへ移住・拡散が始まった．ニューギニア島には，約5,000年前に，農耕技術を持つ人々が東南アジアから移住した．2,000年前頃にはポリネシア東部に進出し，その後ニュージーランドやイースター島にも到達した．第1波の移住者の子孫とは，ごく一部で混血したようである．

10.5 ヨーロッパへの移動

レヴァントから西への最初の移住は，5万-4万5,000年前の亜間氷期初期で，地中海北岸の南ヨーロッパと地中海南岸の北アフリカで遺跡が発見された．遺伝子系統樹分析によると，約3万3,000年前に，黒海の東またはカスピ海の東を通る別ルートでの移住の可能性も示唆されている（大塚，2015）．

ヨーロッパには，すでにホモ・ネアンデルタレンシスが広域に生息しており，その化石人骨からDNAの抽出に成功した，ペーボらは，ホモ・サピエンスとホモ・ネアンデルタレンシスの間でわずかに混血があったことを明らかにした（9.4節参照）．

発掘された遺物から，ホモ・サピエンスの石器は，ホモ・ネアンデルタレンシスのものよりも精巧で，だんだんと種類が増え，精巧さを増したことがわかっている．人骨と一緒に埋葬された副葬品も，量も多く質も高い．行動や社会の面で進展したホモ・サピエンスは，4万年前頃に始まった小氷期に適応したのに対し，ホモ・ネアンデルタレンシスは適応することができず，最後の生息地になったイベリア半島で2万8,000年前に消滅した（大塚，2015）．

なお，クロマニョン人については多くの遺跡が発掘され，調査・研究が進んでいる．約1万5,000年前のドイツのグナスドルフは，寒冷が厳しかったオールデスト・ドリアス期のもので，その住居は，平原に建てられた2つの大型の竪穴住居と3つのテントからなる．大型の住居はほぼ円形で，直径が8m近くあり，中央に炉が掘られていた．この住居からは，胎仔をはらんだメスウマや出生前のウマの胎仔が発見されており，ウマの出産時期が春先であることを考えると，冬に利用された住居と考えられる．また，100km以上も北方で産出する原石でつくられた石器が約4万点見つかっており，行動範囲が広く，夏季にはテントを持って北方に移動したと考えられる．2,500点以上の動物の骨も出土しており，マンモス，ウマ，バイソン，トナカイ，ホッキョクギツネなどとともに，ハクチョウ，ガチョウ，カモメなどの鳥類，さらにタラ，マス，サケなどの魚類も含まれる．陸上だけではなく海や河川に生息する動植物を，食物資源として幅広く利用していたようである（大塚，2015）．

10.6　アジアの東端に到達

　北緯40度の中国北部北京近郊で，山頂洞人と呼ばれる，約4万年前の化石人骨が出土している．また，中国よりさらに北の中央アジアやシベリアでも，ホモ・サピエンスの進出を示す証拠が発見されている．さらに，ロシア，カザフスタン，モンゴルの3カ国の国境近くのアルタイ地域で，約4万年前にさかのぼる遺跡が多数発見されている．この中央アジアに進出するには3ルートあり，南アジアからヒマラヤ山脈の西側を通るルート，ヒマラヤ山脈の東側を通るルート，さらに東側の海岸部を北上して西に向かうルート，が考えられる．遺伝子系統樹分析から，全3ルートの可能性があることがわかっている．どのルートにも大きな川が流れており，インダス川やメコン川，長江（揚子江）などの流域に沿って移住を進めた可能性が高い．なお，ヨーロッパから東進し中央アジアに達する移住は，ずっと後の時代に起こった（大塚，2015）．

　北緯50度を越える地域への進出は，3万年以上前の比較的温暖な時期から始まった．北緯53度のバイカル湖畔のマリタ遺跡から，2万4,000年前の住居址や遺物が発見され，この頃から，本格的な寒冷気候への適応が進んだ．マリ

タ遺跡からはそれまでの遺跡とは異なる特徴が認められ，15以上発見された竪穴住居は，直径5mくらいで中央に炉が掘られ，ヨーロッパのクロマニョン人と同じような竪穴住居をつくる技術を持っていた．また遺物には防寒衣が含まれていた．マリタ遺跡の近くにある同年代のブレチ遺跡からは，マンモスの牙でつくられたビーナスが出土しており，この女性像はフードつきの衣服を着けていた（大塚，2015）．

長さが3-5cmの細石刃を埋め込み，先端が葉状の尖頭器がつくられ，狩猟具の進歩も認められる．マンモスやバイソンなどの大型動物の捕獲に適した石器である．発見された石器類は1万点，動物の骨は3万点にのぼり，夏に捕獲された水鳥や魚，冬に捕獲されたホッキョクギツネなどが含まれている．このことから住居が通年利用されたことがわかる．2万4,000年前頃はヴルム氷期のなかでも温暖な時期であり，この時期に狩猟や衣食住の技術が進み，寒冷気候へ適応する準備になったのであろう（大塚，2015）．

身体特徴による人種分類では，東ユーラシア地域の住民はモンゴロイドである．モンゴロイドの特徴は，ひげや体毛が少なく，髪が直毛で，頬の骨が張り出して顔面が平たんな傾向がある．鼻は広くないがおおむね低いなどの特徴を持っている（海部，2005）．

中央アジアで寒冷気候に適応した人びとが，典型的なモンゴロイドである．モンゴロイドは，最大最終氷期に，海退により陸続きになったアメリカ大陸に渡った．当時，シベリア（ユーラシア大陸）とアラスカ（北アメリカ大陸）の間は，海面が低下してベーリンジアと呼ばれる陸地が広がっていた．一方，モンゴロイドは南下して中国北部や朝鮮半島に移動した．

日本列島は土壌の酸性が強く，人骨や獣骨は保存されにくい．旧石器時代の化石人骨は，ほぼ石灰岩性の沖縄列島からの出土のみである．しかし，3万年以上前の遺跡は，本州北部より南の広域で発見されており，日本列島への進出は約3万8,000年前までさかのぼると考えられる．ヴルム氷期の日本列島の北部では，北海道がサハリン（樺太）や大陸のプリモルスキー地方（沿海州）と陸続きで，本州との間の津軽海峡が残っていた．氷結した津軽海峡を渡り，マンモスやバイソン，オーロックス，オオツノシカ，ヘラジカなどが北海道に進出した．なお，モンゴロイドが北方から移住してきた可能性はあるが，その証

拠は見つかっていない（大塚, 2015).

　日本列島の南部で朝鮮半島と陸続きになったことはないが，沖縄で多くの化石人骨が発見されていることから，南方からの移動の可能性がある．最古の人骨は，那覇市で出土した約3万年前の山下洞人で，石垣島では2011年に2万年前の白保洞人が出土した．沖縄本島南部では，約1万8,000年前の4体分の港川人が出土した．港川人は，中国南部の広西チワン族自治区で発見された2万年前の柳江人との類似性が指摘されている（大塚, 2015).

10.7　アメリカ大陸へ渡る

　現在のベーリング海峡は，ヴュルム氷期に海面が低下したために，ベーリンジアと呼ばれる陸地で，最大最終氷期の1万8,000年前には，幅が南北1,000 kmに達した．花粉分析により，イネ科やスゲ，ヨモギなどの生育はわずかであることがわかっている．約1万4,000年前からの約2,000年間で植生が豊かになり，マンモス動物群もモンゴロイドも，アメリカ大陸に渡ったのは1万4,000年前以降と考えられる（大塚, 2015).

　モンゴロイドのアメリカ大陸への移住は，1万4,000年前頃に，シベリアからベーリンジアを経由して始まった．アラスカに到達した人びとは，比較的短期間のうちに南アメリカ大陸の最南端にまで拡散した．これらの移住者集団は，農耕や家畜飼育の技術を持たない採集狩猟民で，極端に寒冷な環境にさらされたが，優れた適応力を発揮した．

　移住先のアメリカ大陸では，多くの遺跡が発見されている．石器の中で特徴的なのは，マンモスなどの大型動物の狩猟に用いられたクローヴィス尖頭器である．これに似た石器はユーラシア大陸では見つかっておらず，その起源は不明である．最古のクローヴィス石器の年代が1万3,000年前と推定されているので，アメリカ大陸への移住は1万4,000-1万3,000年前になされた可能性が高い（大塚, 2015).

　北アメリカではクローヴィス型が広く分布しているのに対し，南アメリカで魚の形に似た魚尾型の尖頭器が広く分布している．メキシコからパナマに至る中部アメリカでは，クローヴィス型と魚尾型が混在している．魚尾型が発見さ

れた上の層からクローヴィス型が発掘された遺跡もあり，アメリカ大陸での移住史の解明は簡単ではない．また，アメリカのペンシルヴェニア州のメドウクロフト石窟遺跡は1万6,000年前の住居址とされており，アメリカ移住は1万4,000年前以降とする考えと矛盾する．規模が大きく遺物も多いチリ南部のモンテヴェルデ遺跡についても，年代をめぐり考古学者の間で意見が分かれていたが，遺跡の年代が1万2,500年前という報告書が公表された．これだと，アラスカ半島から1万2,000 kmも離れたモンテヴェルデまで，1,000年間で移動したことになる．年平均12 kmの移住速度は，ユーラシア大陸における移住で推定されている速度よりはるかに速い．ただし，先住民がまったくいないアメリカ大陸で，獲物を追いながら南へと移動した可能性は否定できない（大塚, 2015）．

11 定住と農耕

11.1 定住生活

　人類は移動しながらの採集狩猟生活を行ってきたが，最終氷期（ヴェルム氷期）が終わりに近づいた頃から定住生活を始め，農耕牧畜生活へと移っていった．定住生活の開始と農耕の開始は同時に起こったのか，あるいは原因と結果の関係だったのだろうか．最初に農耕が始まった西アジアの発掘調査で，農耕より1,500年前に定住生活が始まっていたことが明らかにされた．他の農耕起源地でも，農耕が開始される前から定住生活が始まっていたと考えられる．農耕には，耕作準備，植えつけ，除草，収穫などに長い時間を要するので，遊動的な生活のままでは農耕を始めることはなかった．

　「定住革命」という表現で定住生活の重要性を指摘した西田正規によると，植物栽培の出現（農耕の開始）は定住生活をすることから派生した生態学的な帰結の1つであるにすぎない．ここ1万年の人類史の特異な様相を理解するには，食料生産よりも，定住生活の持つ意味とその出現する過程を問うことの方が重要である．定住生活に必要な条件としては，ゴミや排泄物による環境汚染の防止，耐久性のある住居と木材の加工，必要な水・食料資源調達の経済的条件，社会的緊張の解消，死者や災いとの共存をあげている（西田，2007）．

　農耕開始以前の狩猟採集民の定住生活については，最近まで定住生活を行っていた狩猟採集民が参考になる．ボアズ（F. Boas）が調査したクワキウトル族やヌートカ族は，北アメリカ大陸北西部のヴァンクーヴァー島とその周辺で，20世紀に入ってからも狩猟採集生活を続けていた．入り江近くで，30以上の

家屋からなる人口数百人の集落で暮らしていた．もっとも重要な食物は，男性が捕獲するサケ・マスなどの回遊魚とアザラシやトドなどの海獣類で，他には，女性が採集する漿果などや男性が狩猟する陸生動物もあった．食物のほとんどは春から秋に入手し，男性が小グループに分かれ，狩猟をするために集落を離れたが，冬には集落に留まり移動しなかった．冷凍保存した食物を食べ，祭りや宗教行事，家屋の修理などに多くの時間を費やす定住生活であった．定住生活を可能にしたのは，回遊魚が夏から秋に遡上してくるのを捕獲し，冷凍保存できたことによる．温帯や熱帯では冷凍保存はできないが，食用の野生動植物が豊富で貯蔵が可能なら，移動せずに定住することができると考えられる（大塚，2015）．

定住生活が早くから始まったメソポタミアでは，野生動植物が豊富な環境において，比較的範囲が狭い場所で食料を入手し，狩猟採集生活を営んでいた．定住が始まった約1万3,000年前は，地球規模で温暖化が進み野生動植物が豊富になった時期である．豊かな自然に恵まれて人口が増加し，その結果，食物の必要量が増えた．この時期の遺跡から穀倉とみられる建造物が発見され，食用とする野生ムギ類の種子を貯蔵していたと考えられる．必要量が増えた食料を確保しておくために，貯蔵する技術が進み，定住を促したのであろう．栽培品種の改良もゆっくりとではあるが進んだようで，メソポタミアで栽培化されたムギ類では，野生種から収量が安定した栽培種に代わるまで，3,500年以上もかかった（大塚，2015）．

遊動生活から定住生活へ移行するためには，居住場所の変更が必要である．雨風を防ぎ安全が保障され，水も入手しやすい洞窟や岩陰などが寝泊まりする場所に適しているが，そのような場所は限られていた．ところが，竪穴住居をつくるという建造技術によって居住場所の問題は解決した．西アジアの発掘調査で，竪穴住居のある遺跡が発見され，農耕の開始とほぼ同時期に竪穴住居が出現したことが明らかになった．竪穴住居は，地面を掘り下げて床面をつくり，適当な位置に柱穴を掘り，その中に礎石を置き，柱を立てて家屋をつくる．竪穴住居は，密集して建てることができるので，多くの人が集まって暮らすことが可能になった．自然の洞窟などの居住様式とは異なり，集住によって，協業が進む．また，病気やけがのときの相互援助や弱者への福祉，さらに物の贈与

や交換が発達した．

　定住生活によって，人口も増加した．遊動生活における頻繁な移動は，体に大きな負荷をかけるが，定住生活により，妊娠・出産・育児を行う女性が，体にかかる負荷を軽減できるようになった．また，相互扶助の恩恵も受けられるようになり，妊娠する機会が増えた．多くの女性が，出産力を高め，出生率が上昇した．他方，定住生活によって，子どものけがや不慮の事故で死亡するリスクが減り，乳幼児死亡率が低下した．こうして人口増加率が上昇した（大塚，2015）．

11.2　農耕の開始

　農耕の起源と人口増加の関係については，さまざまな説がある．農耕の開始が人口増加を引き起こしたという説を農業経済学者ボズラップ（E. Boserup）が，1965 年に唱えた．増加した人口が農耕と家畜飼育の開始を引き起こしたとする説や，気候変化による説などもある．メソポタミアなどの農耕起源地では，豊かな自然環境の中で狩猟採集民の定住化が進行し，人口が増加して人口圧が高まったために農耕が始まったので，ボズラップの説には説得力がある．気候変化による説には，温暖な時期に栽培化が促されたとする考えと，寒冷化し植物の生育が悪化したことによる食糧不足を解決するために食糧生産を始めたとする説がある（大塚，2015）．

　野生植物の栽培化と野生動物の家畜化は，ドメスティケーションと表現される．ドメスティケーションは，ヒトの生活様式を大きく変えただけでなく，自然界（生態系）における地位も変えた．野生の動植物だけを狩猟採集し，漁撈によって食物を得ていたのが，作物や家畜を自ら生産するようになった．文明史家チャイルド（V. Childe）は人間の歴史上の「第 1 の革命」と名づけた．これと並行して，石器が打製石器（旧石器）から磨製石器（新石器）に移行したので，「新石器革命」とも名づけた．この言葉が名づけられたのは 1920 年代で，狩猟採集社会から農耕社会への移行は急速に進んだと考えられていた．ところが，新たな発見によって，ドメスティケーションの起源地が複数あり，農耕社会への移行には 1,000 年程度の長い時間がかかったことが明らかになり，「革命」

という言葉は適さなくなった（大塚, 2015）.

　農耕起源の研究は，20世紀後半から，栽培植物に着目し遺伝学の手法を用いることによって進展した．農耕と家畜飼育の起源について解明が進んだのは，遺跡発掘や新たな研究方法が開発されたことによる．1970年代から用いられているプラントオパール分析がとくに重要である．プラントオパールとはガラス質に変化した植物珪酸体で，植物が枯死した後も腐敗せず残存し土壌に保存される．植物体ごとの特徴があるため，種を特定することができる．イネ科などの植物は，細胞壁に土壌中のケイ酸を取り込むが，取り込まれたケイ酸は20-100 μm の微小なプラントオパールになり，植物が枯死した後も半永久的に土壌中に残る．遺跡から掘り出されるプラントオパールから，イネ科植物の種名，さらには野生種か栽培種かの違いまで同定できるようになった．イネ科植物には，イネやムギ，トウモロコシ，モロコシ（ソルガム），ヒエ，アワ，キビ，サトウキビなど，多くの主要な食用植物が含まれる（大塚, 2015）．

11.3　農耕の起源と伝播

　農耕の起源地を特定するためには，栽培作物の野生種の生育確認や，栽培作物の遺骸（プラントオパールなど）の発見が必要である．中国の長江流域における稲作については，発掘された水田の跡も重要な証拠になった．発掘調査の結果，ムギ類やイネの栽培種が現れてからも野生種と混在する状況が続き，栽培種だけになるまでに3,000年以上もかかったことが明らかになった．このように，農耕起源地とはかなりの広がりを持った地域であり，その地域全体でさまざまな品種改良が行われ，初期の農耕が進展した（大塚, 2015）．

　農耕の伝播は，人の移住によってなされた場合と，技術だけが伝わった場合がある．前者は，南太平洋の無人島に農耕技術を持つ人が移住したことである．農耕技術は，伝播される過程で変容することも多い．それぞれの地域に生育していた野生植物が新たに栽培化されたり，栽培されていた作物が伝播先の環境条件に適さず脱落することもあった．発掘された農耕遺跡の情報などにもとづいて復元した農耕文化の起源地と伝播ルートを，図11-1に示す（大塚, 2015）．

　考古学的データによれば，外部からの伝播によらず農耕を開始した世界の5

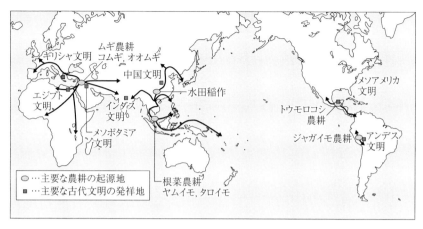

図 11-1 農耕文化の起源地と伝播ルート（大塚，2015）

地域は，①西南アジアの肥沃な三日月地帯（コムギ，オオムギ，エンドウマメ，レンズマメ，ヒツジ，ヤギ，ブタ，ウシ），②中国の長江と黄河の中・下流域（イネ，アワ，多くの根菜・果実類，ブタ，家禽類），③ニューギニア島の内陸高地（タロイモ，サトウキビ，パンダナス，バナナ，家畜なし），④南北アメリカ大陸の熱帯地方・メキシコ中部と南アメリカ大陸北部（トウモロコシ，豆類，カボチャ，キャッサバ，多くの果実・根菜類，家畜は少），⑤アメリカ合衆国のイースタン・ウッドランド（カボチャ，種実利用植物，家畜なし）である（図11-1）．ほかに可能性があるのは，アフリカ中部（サハラ以南）で初期農耕，サヘル地帯で雑穀，西アフリカの熱帯雨林の北ではヤムイモとアフリカ米，そして南インドである（ベルウッド，2008）．

　主要な農耕起源と家畜および古代文明については，表11-1にまとめた．地域ごとの説明は以下に記す．

(1) 西南アジアのムギ農耕

　西南アジアは乾燥した気候で（年降水量は150 mm以下），2つの大きな水系がある．1つは，ペルシャ湾に注ぎ込むチグリス川とユーフラテス川で，もう1つは，ユーフラテス川の水源近くから南に流れるヨルダン川である．この地域は，動植物相が豊かで，地球が温暖化した1万4,500年前頃には豊富な野生動

表 11-1　主要な農耕起源

農耕名	農耕起源地	成立年代	主要農作物	主要家畜	古代文明
ムギ農耕	西南アジア・肥沃な三日月地帯	11,500 年前	コムギ，オオムギ，エンドウマメ，レンズマメ	ヤギ，ヒツジ，ウシ，ブタ	メソポタミア文明・エジプト文明・ギリシャ文明・インダス文明
水田稲作農耕	中国・長江と黄河中・下流域	9,000 年前	イネ，アワ，多くの根菜・果実類	ブタ，ニワトリ，スイギュウ	中国文明
根栽農耕	東南アジア	9,000 年前	タロイモ，ヤムイモ，バナナ，サトウキビ		
トウモロコシ農耕	メキシコ中部	8,700 年前	トウモロコシ，カボチャ，キャッサバ，豆類		メソアメリカ文明
ジャガイモ農耕	南アメリカ大陸北部	6,000 年前	ジャガイモ，キャッサバ，サツマイモ	リャマ，アルパカ	アンデス文明

植物の恩恵を受けていた．ピスタチオやアーモンドなどの木の実，オオムギやコムギなどのムギ類，シカやオーロックス（ウシの野生種）などの草食動物，カメや魚などの水生動物を含む多くの食物資源の遺骸が大量に発見されている．約 1 万 3,000 年前の竪穴住居址と穀倉も発見されたが，農耕の証拠は認められないことから，野生のムギ類などを採集し貯蔵する定住生活であったと考えられる．その後，1 万 2,900 年前から始まる約 1,300 年間は，ヤンガードリアス期と呼ばれる寒冷期で，発掘された集落数は少なく，人口が減少した可能性が高い．気温が再び上昇し始めたのは 1 万 1,500 年前で，この頃には集落数が増加し，農耕が開始された証拠もある（大塚，2015）．

　コムギが栽培されるようになってから栽培型のコムギだけが栽培されるようになるまでに 3,500 年以上もかかった．家畜飼育は農耕より 1,000 年ほど遅れ，約 1 万 500 年前に本格化した．発掘された多数の骨をロバなどの野生動物とヤギなどの家畜動物に分けると，野生種主体から家畜種主体になるまでに 1,500 年間もかかった．

　西アジアにおける人口の変化について，遺跡の数と大きさから人口あるいは

人口増加が推定された．レヴァント全域の人口が，1万2,500-1万年前の2,500年間に16倍に，ヨルダン川上流域では，1万2,000-1万年前の2,000年間に人口が10倍に，そしてユーフラテス川中流域のテル・アブ・フレイラ遺跡（現在のシリア領）では，農耕が開始される以前の1万3,000年前には200人に満たなかった人口が，9,400-7,000年前には最大で4,000-6,000人に増加したと推定さている．これらの推定人口から年人口増加率を計算すると，ほぼ0.1％になる（大塚，2015）．

　ムギ類を主作物とし家畜飼育を伴う農耕文化は，西アジアで始まり東と西の両方向に伝播した．東方に位置するインダス平原も西方に位置する地中海沿岸域も，気候などの環境条件が西アジアに類似している．西アジア起源の農耕文化がヨーロッパへ拡散した経路は，地中海沿岸の経路と北のバルカンの経路の2つある．地中海沿岸の経路は，黒海と地中海に挟まれるアナトリア（現在のトルコ）とバルカン半島を経由するもので，ギリシャには9,000年前，イタリアには8,000年前に到達した．これより北側をドナウ川沿いに北西に進んだ経路があり，ハンガリー平原では7,500年前の農耕遺跡が発見された．さらに，ドナウ川の下流域から黒海の北側を東に進んだ経路もあり，ドン川やヴォルガ川の下流域で7,000年前に農耕が行われていた．一方，地中海の東岸沿いに南下した経路では，ナイル川流域に7,500-7,000年前に到達した．ヨーロッパへの伝播の特徴は，7,000年前までに農耕を開始した地域は，北緯50度より南に限られていた．周囲を海に囲まれた比較的温暖なイギリスでも，農耕が開始されたのは6,000年前であった．西アジア起源でヨーロッパとアフリカに伝わった農耕文化の特徴は，ムギ類などの主食農作物や家畜動物が，すべて西アジア原産だったことである．伝播先の地域で栽培化されたのは野菜類に限られ，新たに家畜化された動物もイヌとネコに限られる（大塚，2015）．

　その後，西アジア起源の農耕文化から古代文明が発生し，メソポタミア文明やエジプト文明，インダス文明，さらに多くの文明が派生した．留意しておくべきは，すべての文明の発祥地は北緯25度と40度の間に位置し，農耕起源地のメソポタミアの北緯33度近辺の範囲に集中していたことである（大塚，2015）．

　西アジアから東への農耕拡散は，中央アジアのパキスタン，コーカサス，ト

ルクメニスタンに達した.インダス平原では,インダス川流域の西側に拡がるバローチスターン地域で,もっとも古い農耕遺跡が発見された.メヘルガル遺跡は,9,000年前から4,500年前までほぼ連続的に居住され,最古の層から,栽培されたムギ類のプラントオパールと,家畜化されたヒツジとヤギの骨が発見されている.この地域では,西アジア起源の農耕を基にしながら,南アジア原産のオオムギも栽培していた.メヘルガルは,4,500年前にメソポタミアやエジプトと並ぶ巨大都市となり,インダス文明の礎になった(大塚,2015).

(2) 中国の水田稲作

約4,000万年前にヒマラヤ・チベット高原が隆起して,東・東南側に河川が流れ出して複雑な山ひだをつくり,侵食によって谷間と河口付近に沖積平地ができた.そこにイネ科の草本植物が自生し,栽培植物のイネの起源となった.ヴェルム氷期が終わる1万年前以降の完新世になって,ホモ・サピエンスは,ヒマラヤ・チベットの南東域に拡がる,モンスーン気候の湿潤な地域に進出し,やがて水田稲作農耕を開始した(1.4節参照).

中国でイネが栽培化されたのは長江(揚子江)中下流域から淮河(わいが)流域の地域で,年代は9,000-8,500年前だったことが発掘調査から明らかになった.この地域は北緯30-33度であり,野生のイネが生育する北限にあたる.ムギ類の農耕が始まった西アジアと緯度が同じだが,気候は湿潤で土壌は栄養分に富む.イネのプラントオパール分析によると,水田稲作は,6,500-6,000年前に完成した.栽培品種のイネの利用が始まってから水田稲作が完成するまでに,西アジアのムギ類農耕の開始と同様,2,500-3,500年間もかかった(大塚,2015).

中国で古代文明が発祥したのは,北緯35度近くに位置する黄河流域である.この流域で栽培化されたのがアワ(野生種はエノコログサ)とキビで,とくにアワが重要な作物になった.アワはイネほど生産性が高くないものの,黄河流域に広がる黄土地帯が肥沃なため,アワの収量は長江流域のイネと変わらないほど多かった.なお,長江流域で栽培化されたイネは,黄河流域に伝えられたようだが,大量に栽培されたのは北緯35度以南の比較的温暖な地域に限られていた(大塚,2015).

家畜動物については,9,000-8,500年前の長江流域から,ブタやイヌ,ニワ

トリの骨が出土した．西アジアでは，家畜飼育の開始が農耕より1,000年ほど遅れたのに対し，中国ではほぼ同時に進行した．中国で家畜化された動物は，集落付近に出没する習性を持つため，家畜化が早く起こったのであろう．中国で家畜化された動物は搾乳ができず，耕作・運搬にも利用できないので，ウシやヤギ・ヒツジほど恩恵が大きくない．耕作・運搬に利用でき，搾乳も一程度可能であるスイギュウは，中国で8,000年前に家畜化されたと推測されているが，東南アジアや南アジアで家畜化された可能性も指摘されている（大塚，2015）．

(3) 東南アジアの根栽農耕

東南アジアで栽培化されたヤムイモやタロイモ，バナナなどは遺骸が残らないので，農耕の起源を探るのは容易ではない．これらの食用植物は腐りやすいので長期間貯蔵されることがなく，また，野生種か栽培種かによって利用のしかたが変わるわけでもなく，考古学的な証拠が残りにくい．一方，これらの栽培作物には染色体の変異型が多いため，植物遺伝学の研究によって，1万年-9,000年以上前に栽培化が始まったと指摘されている．植物遺伝学者で民族植物学を発展させた中尾佐助は，イモ類やバナナ，サトウキビなどのように，種子ではなく地下茎，茎，塊根などを移植する農耕を根栽農耕と名づけた．根栽農耕は，東南アジアのモンスーン地帯で始まった農耕であり，ニューギニア島やアンデス高地の農耕も含まれる（大塚，2015）．

逆に，水田稲作の遺骸は残りやすく，東南アジア各地で発見されている．農耕遺跡の証拠から，6,500-6,000年前に長江中下流域で完成した水田稲作は，5,500-5,000年前までに台湾や香港を含む中国南部に，4,500年頃前までにベトナムからガンジス川流域に至るユーラシア大陸東南部に，さらに3,500年前までに島嶼部のフィリピンやインドネシアに伝播した．イネの生育に適した人工環境をつくりだすことによって，水田稲作は，北緯30度の長江流域から南緯8度のバリ島まで，気候条件が異なる広域に伝播した．東南アジアでは，平野部を中心に水田がつくられ，畑作や漁撈，採集などを組み合わせた安定性の高い生業が営まれた．ただし，本来の植生は高木の密生する森林であるため，大規模な耕地の開墾や灌漑水路の建設などは進みにくかった（大塚，2015）．

水田稲作は，ウォーレス線より東の東インドネシアの島々には伝播しなかった．気候の季節変化に乏しく，一年を通して降水量が多いため，イネの生育に適さないからである．これらの地域では，東南アジア起源の根栽農耕が現在も行われている（大塚，2015）．

(4) ニューギニア島の根栽農耕

　1970年代初頭にニューギニア島中央部の標高が1,550 mに位置するワーギ渓谷のクック湿地で，世界最古の可能性のある農耕の遺跡が発見された．網目状に張り巡らされた大小の排水溝が発見されたのである．ニューギニア島は雨が多く，この地域の年降水量も約2,500 mmに達する．この地域の畑では盛り上げた土塁にイモを植え，畑地全体を囲むように大小さまざまな排水溝が掘られる．遺物の年代測定，花粉分析やプラントオパール分析によって，農耕の開始は9,000年前にさかのぼり，最古の栽培植物の年代は7,500-6,500年前と推定された．主な栽培作物は，タロイモとバナナで，堅果をつけるパンダヌス（タコノキ）やアーモンドに似た樹木も植えられていた．農耕が始まったのは，人口が増加したためと考えられる．ニューギニア島の中央部を東西に走る山脈に沿うように拡がる，標高が1,500-2,300 mの台地状の地域は，土壌が肥沃で野生の食用植物や動物が豊富である．周辺の熱帯低地に比べて涼しく，マラリアなどの熱帯感染症を媒介する蚊などが生息せず，狩猟採集民の段階で人口が増加していた（大塚，2015）．

　5,000年前頃に，オセアニアに到達した新たな移住者が，東南アジア原産のイモ類やバナナをニューギニア島に持ち込んだ．さらに数百年前には，南アメリカ原産のサツマイモがポリネシア経由で持ち込まれた．同じ根栽類でも，ニューギニア島原産のものは外来のものより生産性が低いため，ニューギニア島高地で栽培化された作物は，現在ではほとんど栽培されていない．ニューギニア島に生息する哺乳動物は，コウモリを除くと有袋類か単孔類で，家畜化されたものはない．ニューギニア島およびオセアニアの島々で飼育されている家畜動物は，5,000年前以降の移住者がアジアから持ち込んだもので，中国で家畜化されたブタやイヌ，ニワトリである（大塚，2015）．

(5) アフリカの雑穀農耕

　アフリカはホモ・サピエンス誕生の地にもかかわらず，農耕の歴史は先進的ではなかった．農耕の開始が遅れたのは，栽培化に適する野生植物や家畜化に適する野生動物がほとんどなかったためである．食用植物が栽培化されたのは，エチオピア（アビシニア）高原と西アフリカのサヘル地域であるが，西アジア起源の農耕文化がアフリカ大陸の東北部から伝播した過程で原産の食用植物が栽培化された可能性が高い．エチオピア高原で栽培化されたのは，小穀類のモロコシやシコクビエ，テフ，そしてバナナに近いエンセーテである．サヘル地域で栽培化されたのは，アフリカイネやトウジンビエ，ギニアヤム，それにアブラヤンと数種の豆類である．モロコシやテフ，ギニアヤムなど多くの作物が現在でも栽培されているが，西アジア原産のムギ類やアメリカ原産のトウモロコシに比べて生産性が低く，栽培量は多くない（大塚，2015）．

(6) アメリカ大陸のトウモロコシ農耕と根栽農耕

　アメリカ大陸で栽培化・家畜化された動植物は，旧大陸のものとは異なる．主食作物のうち，トウモロコシだけが穀類で他はジャガイモやキャッサバ（マニオク），サツマイモなどのイモ類である．2000年代にスミソニアン国立自然史博物館のピペルノ（D. Piperno）らが，メキシコ西南部のバルサス川流域でキシュアトキツラ洞窟の遺跡から採取したサンプルを用いて，トウモロコシのプラントオパール分析と遺伝子解析に成功した．野生種は，外見が大きく異なる一年生のテオシントで，バルサス川流域はその自生地である．キシュアトキツラ洞窟から出土したトウモロコシの年代は，8,700年前にさかのぼる．8,000年ほど前から，カボチャやキヌアなどが栽培され始めた．ジャガイモは6,000年ほど前に栽培化が進み，本格的な農耕が始まったと考えられている．アンデス文明を支えたジャガイモは，加工技術のおかげで長期保存が可能になり，穀類のような役割を果たした．アンデス高地の低温・乾燥・強紫外線という環境を利用し，収穫したジャガイモの凍結・乾燥を繰り返して重量を20-25%に減らすことで，長期保存を可能にした．凍結・乾燥加工されたジャガイモはチューニョと呼ばれる（大塚他，2012；大塚，2015）．

　アメリカ大陸における農耕の伝播は，ジャガイモとトウモロコシで対照的で

ある．チューニョに加工する必要のあるジャガイモ栽培が伝播したのは，アンデス高地沿いに北は赤道近くまで，南は南緯35度くらいまでである．トウモロコシはさまざまな環境に適応するように改良され，4,000-3,000年前までに，北は北緯35度，南は南緯35度くらいまで，高地にも低地にも広く伝播した．キャッサバやサツマイモの栽培化についても，植物遺伝学の研究が進み，キャッサバはアマゾン川上流のブラジル西部からボリビア東部で，サツマイモは南アメリカ大陸の北端から中央アメリカにかけての地域で栽培化され，その年代はどちらも5,000年以上前と推測されている．アメリカ大陸で家畜化された動物は，ラクダ科のリャマとアルパカで，アンデス高地で6,000年ほど前に家畜化された．主な用途は，毛からつくる衣類で，リャマは運搬のためにも利用された（大塚，2015）．

　北アメリカ大陸の中央南部において種子作物の栽培が行われていたことも留意しておこう．ミシシッピー川中流域のイースタン・ウッドランドにおける農耕の独立起源を示すもので，3,000年程前のヒマワリやアカザ科の種子植物の栽培種が発見された．ただし，これらの栽培種はトウモロコシが伝播したために消滅した．

12 文化的適応（石器・考古学遺物）

12.1 石器時代区分

　遺跡では，化石人骨よりも，石器が多く発掘される．考古学研究によって，石器が道具としてどのように製作され，使用されたのかを明らかにし，生活方法や知能のレベルを推測することも可能である．また石以外にも，木や角，骨，牙などの材料が用いられ，道具がつくられた．石器時代の区分は，石器の種類や製作技法で行われる．遺跡の層位やさまざまな年代測定法によって遺物の年代を推定することができる．

　石器には，石を打ち欠いて刃物をつくる打製石器とさらにそれを磨いてつくる磨製石器がある．打製石器の技法には，石核石器と剥片石器，石刃がある．打製石器の時代を旧石器時代，磨製石器の時代を新石器時代と呼ぶ．ヨーロッパではこの2時代の間に，中石器時代を入れて，前期，中期，後期の3時代に分ける（表12-1）．前期旧石器時代は，猿人や原人の段階，中期旧石器時代は旧人（ホモ・ハイデルベルゲンシスとホモ・ネアンデルタレンシス）段階，後期旧石器時代は新人段階にほぼ相当する．

12.2 前期旧石器時代

　前期旧石器時代は約300-200万年前から約30万年前までの長期間続き，前半は猿人（アウストラロピテクス）段階，後半は原人（ホモ・エレクトス）段階となる．現在のところもっとも古い石器は，エチオピアのゴナ地区で出土した

表 12-1 旧石器時代（芹沢, 2009 を改変）

年代	地質学上の区分	氷河期	考古学上の区分	人類	アフリカ	ヨーロッパ	東アジア
1.2万年前	更新世 上部	ヴュルム氷期	IV 後期		カプサ文化 イベロ・マウル文化 ウルサ文化 ダッバ文化	マドレーヌ文化 VI〜0 ソリュートレ文化	ココレボ 虎頭梁 周口店上洞 アフォントバ 下川 マリタ 峙峪
1.5万年前							
2万年前			III				
					ルペンバ文化 アテル文化	グラヴェット文化 オーリニャック文化 シャテルペロ文化	ウスチ・ミリ 水洞溝
3.5万年前			II 中期		ムスティエ文化	ドブグラスク ウスチ・カン	シャラオソゴール
					サンゴ文化	ムスティエ文化	丁村
			I			クマラ（上）	
							許家窯
8万年前		リス・ヴュルム間氷期		新人 ホモ・サピエンス	後期アシュール文化	後期アシュール文化	
15万年前	中部	リス氷期	前期		アシュール文化	中期アシュール文化	クマラ（下） フィリモシュキ 全谷里 周口店
		ミンデル・リス間氷期					
50万年前		ミンデル氷期		旧人 ホモ・ネアンデルターレンシス	前期アシュール文化	アブビル文化	
		ギュンツ・ミンデル間氷期				クラクトン文化	匼河 公王嶺 東谷坨
		ギュンツ氷期				前期アシュール文化	
100万年前	上部ビラフランカ期	ドナウ氷期		原人 ホモ・エレクトス	オルドヴァイ文化	バロネ洞穴	西侯度
		ビーバー氷期					
200万年前	鮮新世 下部ビラフランカ期			猿人 アウストラロピテクス	オモ ハダール		
250万年前							
300万年前							

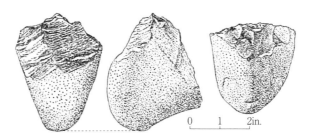

図 12-1 オルドワン石器（Oakley, 1976）

260万年前のものである．エチオピアのオモ地区やタンザニアのラエトリからも240-230万年前の石器が出土している．これらの石器はオルドワン（オルドヴァイ文化）と呼ばれる（図12-1）．主要な石器は，自然の礫（丸石）を片面打ち欠いたチョッパー（片刃の礫器）や両側から打ち欠いて刃をつけたチョッピングトゥール（両刃の礫器）で，他に，小さく鋭い剝片石器や石核などで構成される．このオルドヴァイ文化はアフリカで100万年前まで続いた．猿人は長期間，チョッパーとチョッピングトゥールをつくり続けた．ただし，150万年の間には多少の変化があり，チョッパーは減少し，スクレイパー（掻器）などの剝片石器が多くなる．これらの剝片剝離が複雑化したものを進歩的オルドワンと呼ぶことがある．なお，オルドワンの呼称は，このタイプの石器が最初に発見されたアフリカの大地溝地帯にあるタンザニアのオルドヴァイ渓谷に由来する．

　人類最初の石器オルドワンを製作したのは，アファレンシスやガルヒ，ホモ・ハビリスが候補となる．ホモ属の出現は，約240万年前までさかのぼることができ，最古の打製石器とほぼ同時期であることから，ホモ・ハビリスがその主な製作者である可能性が高い．つまり，ホモ・ハビリスは脳拡大によって知能が高くなり，石器を発明したと考えられる（図12-1）．

　肉食化については，化石獣骨にカットマークが認められるとその証拠となる．屍肉あさりにより，他の肉食獣が捕食した死体に残った肉や，骨の中の骨髄を，石を使って取り出して食べる行動は，このカットマークとして残る．5.7節でも述べたように，約250万年前のガルヒの遺跡から，カットマークや打撃痕を伴う動物骨が発見されている．アファレンシスの系統から派生したガルヒは，石器を使用して肉を切り取り，骨髄を食べる肉食を行っていた可能性が高い．

カットマークの最古の例は約 340 万年前にさかのぼるとの報告もある．しかし特定種の化石人骨と石器，カットマークのある化石獣骨が同じ場所（遺跡や地層）から一緒に出土した事例は乏しく，特定は困難である．

ところが最近，330 万年前の石器がケニアのトゥルカナ湖北西岸ロメクウィ 3 遺跡で見つかった（ウォン，2017）．ホモ属がつくったとするには古すぎるだけでなく，ガルヒよりも前の段階，アファレンシス化石の年代（370-300 万年前）に相当する．同遺跡ではカットマークのついた獣骨などが見つかっておらず，石器が動物性食物の解体に使われたかどうかは不明である．

12.3 アシュール文化

オルドワンの次の石器文化は，アシュレアン（アシュール文化）である．両面を加工したハンドアックス（握斧）で特徴づけられ，西洋梨（涙滴）状あるいは楕円形の石核を両面打ち欠いたものである（図 12-2）．ハンドアックスは通常は手で握って使用するが，両手で持たなければならないほど大きくて重いものもある．万能型でさまざまな目的に使われた．アシュレアンはアフリカで 160 万年前に出現した．アシュレアンはオルドワンと 50 万年ほど共存している．アシュレアンは，ヨーロッパでは 40 万年前に始まり，楕円形や西洋梨型のハンドアックスに加えて，クリーバー（先端がまっすぐな刃），（先端がとがった）ピックといった大型石器から構成される．

一方，東ヨーロッパや中央アジア，中国北部の各地では，礫器やさまざまな剝片石器から構成される，アシュール文化とは異なる石器文化が確認されている．クラクトン文化，ソアン文化，ショクタス小石器（細石器）石器群などである．かつてはユーラシア大陸西側のハンドアックスと東アジアなどの礫器文化に二分されていたが，現在ではこの二分は不適切であることが，各地の多様な石器文化から判明している（長沼，2016）．

このような石器文化の違いが生じた背景には，新しい移住先でも以前からの石器文化を維持し続けた場合と，逆に新天地の環境に合わせて変化させた場合の 2 つのケースが考えられる．一定地域内に留まり続けても，気候変動などによる環境変化によって，石器文化が変化した可能性もある．人口密度が低く，

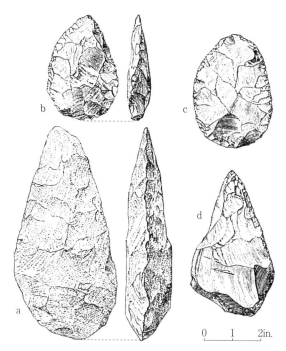

図 12-2 アシュール文化のハンドアックス（Oakley, 1976）
a. クリーバー, b. 西洋梨型, c. 楕円形, d. ピック.

地形に左右されるなど行動範囲が限定された場合には，他地域の別集団と接触を持たなくなり遺伝的な隔離が生じたかもしれない．これらの初期ホモ属の石器文化は，数十万年間ほとんど変化がない．ただし，アシュール文化のハンドアックスは例外的に，新しい年代ほど薄く，左右対称性が高まり，精巧なものに型式が変化する．実用品とは思えないほど見事に美しく加工された例や，持ち運びが困難な極端な大型品も見つかっている（長沼，2016）．

40 万年前から 8 万年前まではハンドアックス文化の発展期（後期アシュール文化）であり，遺跡の数も格段に増加し，精巧なつくりのハンドアックスが多数製作され，石器製作上の新技法であるルヴァロア技法が開発された．この技法は，中期旧石器時代にほぼ東アジアを除く旧世界全体で盛行した．

12.4 前期旧石器時代の生活

　猿人の生活はあまり判明されていない．ラミダスの段階では，地上と樹上で生活する，現在のチンパンジーに近い生活ではないかと考えられている．アファレンシスの段階では，ラエトリの足跡から判断して，直立二足歩行の地上生活をしていたと考えられる．初期ホモ属（ホモ・ハビリス）は，脳拡大し始め，オルドワンを製作したと推測される．石器は，屍肉あさりで獲得した動物の皮剝ぎや切り取り，骨を割って骨髄を取り出すことに使用されたと考えられる．初期の原人（ホモ・エルガスター）は，まだアシュール型のハンドアックスを使用していないので，その生活は初期ホモ属と変わらないと考えられる．ただし，身長も大きくなり，直立二足歩行もほぼ完成したので，さまざまな環境に進出していくことができたと考えられる（莨田，2003）．

　ハンドアックスが使われるようになったアシュール文化の時代になると，屍肉あさりや植物採集がさらに頻繁にかつ機能的に行われるようになったと考えられる．いくつかのハンドアックスには，肉や植物を切断した摩滅の跡がみられる．アシュール文化の後期になると，大型多数の獣骨と，大型獣を解体するための石器がみられるようになる．スペインの北中部のトラルパやアンプロナ遺跡では，ゾウ，ウマ，野牛，サイ，シカなどの獣骨の化石が多数みつかっている．したがって，集団的狩猟が行われていた．またその狩猟を行うための集団が存在したと考える研究者もいるが，大型動物の狩猟を行う道具が見つかっておらず，推測の域を出ていない．木製の槍が見つかっているが，大型動物の硬い皮膚を貫いたとは考えにくい．ハンドアックスは，槍先には不向きな形をしており，また，ハンドアックスを縛り付ける技術はまだなかったと考えられるからである（莨田，2003）．

　原人の文化は，形式化した石器と火の使用，そして木製槍に特徴づけられる．石器は，必要なときにその場で製作したと思われるオルドワンとは異なり，予め製作することができたことを表している．木製槍は，証拠として残りにくい木製道具で，かなり古い時代から木製道具が使われていたことを示す．草食獣を狙った積極的な狩猟活動を示す証拠は，ドイツのシェーニンゲンでウマ類の骨や解体に使用された石器群を伴って出土した約50万年前の木槍である．

火が使われた証拠は，アフリカのケニアや南アフリカで約 150-100 万年前の跡が発見されている．最古の火の使用は，約 140 万年前のシェソワンジャ遺跡で，ついでスファルトグランスの 150-100 万年前の地層から焼けた動物の骨が出土している．これらの火はおそらく野火を保存し，管理していたものと考えられる．この火を利用していたのは，猿人や初期ホモ属（ホモ・ハビリス），原人（ホモ・エルガスター）が考えられるが，ホモ属と考える研究者が多い．北京原人の発見された周口店でも，火を使用していたと考えられる大量の灰が見つかっている．

　ルーシーの発見者であるジョハンソンは，火の使用により，原人（ホモ・エレクトス）の生息環境が拡大し，1 日に使える時間が増え，食べ物の種類が増え，肉食獣などから身を守る方法も改善し，火の周りに人が集まり，小さな集団が形成されるようになり，社会的にも変化したと推察している（葭田，2003）．

12.5　中期旧石器時代

　中期旧石器時代は，ヨーロッパで 30 万年前頃から始まり，約 3 万年前まで続いた時代である．前期旧石器時代の世界各地の石器は類似しており地域差は小さいのに対して，中期旧石器時代では地域による差違が大きい（10.4 節参照）．中期旧石器時代では剝片石器が主体となり，ヨーロッパではホモ・ネアンデルタレンシスによって残されたムスティエ文化の遺跡が広く分布している．石器製作の基本的な技術にルヴァロア技法が用いられていることが特色としてあげられる．この技法は，あらかじめフリントの原石を亀の子形に加工調整しておき，最後の打撃によって 1 個の逆三角形石片（ルヴァロア型影片）を剝がしとる方法であり，このとき残った方をルヴァロア型石核もしくは亀の子形石核と呼ぶ．この方法によってつくり出された逆三角形のルヴァロア型影片は，両側辺と先端部が鋭利なので，そのまま武器あるいは利器として用いることができたし，再加工によって尖頭器（ポイント），スクレーパー，ナイフなどに仕上げることもできた．この方法は，自然の円礫に最初のハンマーを打ち下ろすときには，製作者がすでに最終的に得られる影片の形を想定しているという，きわめて計画性の必要な作業であったといってよい．ホモ・ネアンデルタレンシスは

かなり高度の知能を備えていたことになる．ポイントは槍として使用され，大型哺乳類の狩猟活動に重要な役割を果たしたと考えられる．マンモスやケサイなどの大型獣が狩猟対象となり，肉食が進んだと推測される（図12-3）．

ムスティエ文化の特徴は，①道具に多様性があり，用途にあった石器を製作するようになったこと，②剝片石器が主体となったこと，③さまざまな大きさがあること，などである．

ネアンデルタールの化石人骨が発見されないアフリカでは，前期石器時代，中期石器時代，後期石器時代の3期区分であり，中期石器時代に現生人類の石器も含めている．アフリカの中期石器時代が，ヨーロッパや中東の中期旧石器に対応するものと考えられている．中東を除くアジアでは，やはり剝片石器主体の文化がみられるが，形態には地域差があり，時代的検討が十分でない（長沼，2016）．．

12.6　中期旧石器時代の生活

中期旧石器時代の住居は，洞穴や岩陰が使われ，炉址，石器，食物の残渣が多く残っていることから，入り口付近で生活していたと考えられ，入り口に支柱を立てたと思われる穴がある遺跡（フランスのコム・グレナ）や内部に石壁がつくられた遺跡（スペインのクェヴァ・モリン，仏のペシュ・ド・ラゼ）もある．また，東ヨーロッパでは平地に屋根や囲いのある小屋をつくっていたと思われる遺跡が発見されている．ロシアのウクライナ川流域のモロドヴァ遺跡では，マンモスの骨が円形に残っており，枝でつくった骨組みを皮で覆ったテント状の小屋をつくり，テントをマンモスの骨で押さえていたと考えられる（葭田，2003）．

居住地には，多くの獣骨が出土しており，その種類は地域によって異なることから，多様な環境に適応していたことが推察される．西ヨーロッパでは，森林から草原に生息するオオツノジカやアカジカ，トナカイ，そして草原地域に生息するバイソンやオーロックスのような野牛，ウマ，サイなどを主食としていた．中東地域ではファロージカやガゼル，ヤギやヒツジなどを主食としていた．狩猟道具としては，木製の槍が使われ，ポイントを木製槍の先端につけた

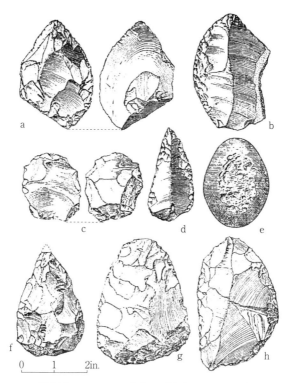

図 12-3 ムスティエ文化の石器（Oakley, 1976）
a, b. サイド・スクレーパー，c. 円盤状石核および，d. 尖頭器，e. 小台石あるいは石槌（鉄質の硅質砂岩の礫），f, g. ハンドアックス，h. 楕円形剝片石器，a-d. 典型的なムスティエ文化，f, g, h. アシュール的伝統を持つムスティエ文化．

可能性を示唆する証拠もある．動物の解体にはスクレーパーやナイフが用いられた（葭田，2003）．

この時代には，前期ではほとんどみられなかった精神的な活動を示す証拠が発見されている．埋葬，利他的行動，儀礼（クマ祭り）などである．死者は多くの場合，眠った姿勢で，ときには膝を折り曲げて葬られている．フランスのラ・フェラシーでは2体の成人と6体の幼児が，共同墓地的な遺品から出土した．中央アジアのテシック・タシュではヤギの骨を平行にして墓がつくられ，少年が埋められており，周りには6対のヤギの角が添えられていた．これは，死後の世界の観念が存在したことを示唆する．儀礼（クマ祭り）に関しては，ス

イスのドラーヘンロッホ（龍の穴）で，クマの頭骨が入った石棺や，洞窟の内壁に四肢骨が積み上げられたものが発見された．また，南ドイツのペテルスホーレ洞窟では天然の祭壇に10個のクマの頭骨が載せられていた．ウイルデンマンリスロッホでは，数百のクマの犬歯が見つかっている．フランスのレ・フェルタンでは6体分のクマの頭骨が石灰石の平板の上に置かれていた．これらのクマの骨や歯の配置は，クマの再生を願ったものと考えることができる（葭田，2003）．

12.7　後期旧石器時代

　旧人が消え新人が現れて，道具類の発達や狩猟技術の進展，芸術作品の製作など後期旧石器文化が発展し，約3万5,000年前から約1万年前まで続いた．まず第1に注目すべきは，石刃技法（ブレイド・テクニック）の確立によって，石器のつくり方が大きく進展したことである．石刃技法は約4万5,000年前に始まった石器技術である．石刃（ブレイド）は，横断面が台形の細く長い石片であり，両側辺にはかみそりのように鋭利な刃をそなえている．フリントの自然礫を打ち欠いて，円錐形あるいは円筒形の石刃核をつくり，その上端の一部を鹿角のハンマーで強く打つと，石刃が剥がれ落ちる．1個の石刃核から，石刃が10個以上も生産される．石刃技法では，1kgの石から取れる刃の長さの総計は約25mにもなる．同じ大きさの石からアシュレアンのハンドアックスだとわずか10cm，ムステリアン石器だと2mの刃しかとれない（図6-2）．

　多量に生産された鋭利な石刃の周辺あるいはその一部を加工すれば，ナイフ，彫刻刀，錐，スクレーパー，槍先などの工具や武器が製作できる（図12-4）．工具として利用すると，骨や角，皮革，木材などの加工を容易にし，生活を豊かにするためのさまざまな道具の発達を促したと推定される．骨や角を削ったり彫ったりしてつくられた道具には，槍先や銛先，錐，太い針，糸を通す穴のある縫針，釣針，へら，短剣，石ランプ，石器をはめこむ柄または軸，ハンマーなどが知られている．その中でも鹿の角を削って彫刻を施した投槍器（アトラトル）は，狩猟生活にとって画期的な発明であった．それは約30cmの長さに切られたトナカイの角でつくられ，一端には投槍の基部をひっかけるための

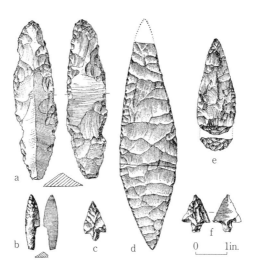

図 12-4 後期旧石器文化の石製武器頭部（Oakley, 1976）
a. プロト・ソリュートレアンの尖頭器, b. 有舌「柳葉状」尖頭器, c. ソリュートレアンの石鏃, d. ソリュートレアンの「月桂樹葉状」石刃あるいは両刃の葉状石刃, e. 面をとった台状部をもつ尖頭剥片より作られたスティルベイ尖頭器, f. アテリアンの石鏃.

〈かぎ〉がつくりだされている．この道具に投槍を着装して飛ばすと，遠心力の働きによってかなり遠くの獲物まで倒すことができる（図12-5）.

　後期旧石器時代の文化内容には時代的変化がみられる．それを大別して，オーリナシアン（オーリニャック文化），グラヴェッティアン（グラヴェット文化），ソリュートレアン（ソリュートレ文化），マグダレニアン（マドレーヌ文化）の文化に分けることができる．また，ヨーロッパではオーリナシアンの前に，シャテルペロニアン（シャテルペロン文化）というネアンデルタールが担い手と考えられる文化がある（旧石器文化談話会, 2007）.

　もう1つの特徴は，骨角器を積極的に製作・使用したことである．動物の骨や角を材料とした道具の製作は，これまであまりみられなかったが，オーリナシアン文化期になると骨を削り磨いて，骨製の尖頭器，小穴のある指揮棒（杖）などさまざまな道具をつくり始めた．骨角器の製作は，マグダレニアン期にピークとなり，突頭器，糸を通す穴を備えた針，銛，槍投げ器，指揮棒などがみられ，彫刻を施したものも多い（図12-5）（蒄田, 2003）.

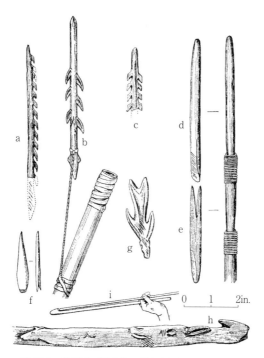

図 12-5 後期旧石器文化の骨角器（Oakley, 1976）
a. マグダレニアンの枝角製有刺尖頭器，b. 復原された柄に合うアタッチメントのし方をおそらく持ったマグダレニアンの枝角製銛，c. 後期マグダレニアン・タイプの枝角製銛，d. 枝角から切りとられたマグダレニアンの槍先，e. リンク・シャフト，f. 基部を割った骨製尖頭器，g. マグダレニアンの用途不明の枝状または有刺骨器，おそらく「のどかけ針」，h. マグダレニアンの馬と鹿を彫った枝角製「槍投器」，i. オーストラリア原住民使用の木製槍投器．縮尺に関係なし．

　これらの道具を用いて新人は盛んに狩猟を行った．フランスのソリュートレでは1万頭のウマの骨が断崖の下で発見された．スロヴァキアのプシュドモスティでは，100頭にものぼるマンモスの骨が1カ所から発見されている．このことから，落し穴や崖からの追い落としなどの際には集団狩猟を行い，動物を追い詰めたと考えられる．フォン・ド・ゴームの壁画には罠にかかったマンモスが描かれている．野牛，シカ，トナカイ，クマ，ヤギなども狩りの対象となった（葭田，2003）．

　住居は洞窟の入り口や岩陰をすみかとして利用するとともに，段丘の上に天

幕の小屋を建ててすむことも多かった．冬の間は，洞窟や岩陰，あるいは平原では竪穴や敷石した場所を住居とし，夏は獲物を求めて移動生活を送ったと想像される．オーリナシアン文化の洞窟壁画には屋舎型の絵が描かれており，テントも用いていたと考えられる．ウクライナでは，マンモスの頭骨，下顎骨，牙などで組み立てたドーム状の住居が発掘されているし，シベリアのバイカル湖近くのマリタ遺跡では，石や骨で基礎をつくり中央に炉を持つ円形の竪穴住居が 15 軒発見されている．

　埋葬については，貝や動物の骨，牙でつくった首飾りや腕輪・髪飾り，石器などさまざまなものが副葬されるようになった．シベリアのマリタ遺跡では，石灰岩の板でつくった棺の中に赤色オーカー（赤色顔料）や貴石を伴って埋葬された子どもの骨が発見されている．フランスのクロマニョン洞窟では，大人 5 人と子ども 1 人が赤色鉱石で塗られて，石刃，貝殻などとともに発見された．ロシアのスンギール遺跡では，約 60 歳と推定される男性の全身骨格が発見されたが，埋葬時にはおそらく皮製の衣装をつけていたと思われ，その衣装には 1,000 個以上のマンモスの象牙製ビーズが縫い込まれていた．また，象牙製ブレスレット，貝と獣歯製のペンダントも着けていた．また，その近くにたがいに頭をつけた形で埋葬された少年 2 人の埋葬址からは，多数の骨製品と象牙製の棺が見つかった．また，彫刻が施された長い杖が 2 本遺骨の横に並べられていた．富を持ち尊敬を受けていた人物と考えられる（霞田，2003）．

　またこの時代には，彫刻や絵画の芸術的作品が新しく現れ，発展し，多様な作品を生んだ．旧石器時代のビーナス像が，ヨーロッパの南西部および中部に分布しており，さらにシベリアのバイカル湖周辺からも発見されている．これらは主としてマンモスの牙を彫刻してつくられたが，石灰岩や滑石，そしてまれには粘土製品もみられる．ヨーロッパから発見されているビーナス像は一般的に肉付きがよく，女性の性的特徴を強調した裸体像であって，眼や鼻，口，頭髪というような細部は省略したものが多い．これに対して，シベリアの出土例は扁平でほっそりしており，眼や鼻，口，頭髪などをはっきりと刻み込んでいる．すでにこのような東西の対照的な違いが生じていることも興味深い．こうしたビーナス像は，豊穣と生命の誕生（多産）を望むためのものと考えられている．

12　文化的適応（石器・考古学遺物）

フランス南西部からスペイン北部にかけて分布する多くの石灰岩洞窟の奥深くには，後期旧石器時代の人の手による見事な壁画や天井画が残されている．分布する地域の名をとってフランコ・カンタブリア美術と呼ばれる洞窟絵画の研究は，1868年にスペイン北海岸のサンタンデル県にあるアルタミラ洞窟において天井に描かれている多くのバイソンの絵が発見されたことに始まる．これまでにヨーロッパでは100カ所以上の洞窟から絵画や彫刻が発見されている．後期旧石器時代の人が描いた対象には，ウマやバイソン，マンモス，ヤギ，ウシ，牝シカ，牡シカ，トナカイ，クマ，ライオン，サイ，イノシシ，カモシカ，シベリア・カモシカ，鳥類，魚類などがあり，ほかには人間また，モンスターといわれる不可解なものも知られている．写実的な絵画のほかにもさまざまな形の記号が残されており，人間の手形や男女の性器を描いたものもしばしば発見されている．壁画には多種の顔料が用いられていて，黒色，白色，赤色，黄色，紫色などがある．酸化鉄が黄土に滲み込んだ赤色オーカーがチョークのようにして用いられ，一端に孔をあけて紐を通し持ち歩いたと思われるものも出土した．

　洞窟芸術はどういう目的をもって描かれ彫られたのか，という問題は多くの考古学者によって論じられているが，まだ決定的な答えは出されていない．これまでに，それは人間本来の芸術的表現であるとか，生活環境を美化するためであるとか，狩猟の収穫を記念するためとか，あるいは狩猟の成功を祈るための共感呪術を意味するものであるとかの諸説が発表されている．しかし，社会文化人類学者のルロワ＝グーラン（A. Leroi-Gourhan）は，65カ所以上の洞窟と，2,000点以上の絵画と彫刻を再調査した結果として，野生動物はウマを中心とするAグループと，バイソンを中心とするBグループとに分けられること，そしてBグループはつねに洞窟の中心部に位置してAグループによって取り囲まれていることを示した．ルロワ＝グーランはそこから，Bグループは女性を，Aグループは男性を意味する動物群であると解釈し，この考えを進めて絵画以外の種々の記号をも男性と女性に区別した．このような分析の結果として，洞窟芸術は旧石器時代人の多産と繁栄に対する祈念を豊かで複雑なシステムとして表現したものではないかと述べている（芹沢，2009）．

12.8 中石器時代

中石器時代最後の氷河期ヴュルム氷期の終わりとなる約1万5,000年前頃から氷河は後退し始め，海面は100m以上上昇した．一方，スカンジナビア半島のように，氷河の重圧がなくなったことによって300mも陸地が隆起する所もあった．こうして陸続きであったイギリス，アイルランド，日本列島，ジャワ，スマトラなどが島となり，それまで湖水であったバルト海や地中海も大洋に続いて，だいたい現在に近い地形となった．これらに伴い，環境も大きく変化した．ヨーロッパでは，かつて氷河に覆われた地域はツンドラとなり，氷河周辺部の草原は北方に移り，マツやカバの森林が出現し，やがてカシを主体とする混交林となり，あちこちに湖沼が残った．マンモスなど大型動物は北方に逃げ，あるものは絶滅した．その代わりに，シカやイノシシ，キツネなどが森林に現れるようになった（葭田，2003）．

このような自然の変化に対応して，人類は新しい適応を示した．北欧のマグレモアジアン文化では，弓矢を用いたイノシシ，シカなどの動物の狩猟や漁労も盛んに行われるようになった．骨製の釣り針や銛のほかに，舟の櫂や魚網，ウキなども発見されている．また，貝やカタツムリを盛んに捕食した貝塚もみられる．この時代は中石器時代と呼ばれる．ヨーロッパでは小型の石器である細石器（マイクロリス）が使われるようになった．これは数ミリから数センチの三角形や四角形をした小石器で，鏃，もしくは木や骨の柄に埋め込み松脂で固めて用いられた．1kgの石塊から90mもの長さの刃をつくることができた．

12.9 食糧生産革命

1万年前頃の西アジアで，農耕と牧畜が始まった．それは，食糧生産革命とも呼ばれる．西アジアにおける農耕経済への移行は，中石器文化に現れる．まず，紀元前9,000-8,000年のナトゥーフ文化から始まり，シリアのアイン・マハラ，イスラエルのワディ・アン・ナトゥーフ，ナハル・オレン，イラクのカリム・シャヒル，ヨルダンのイェリコ遺跡などがある．洞窟だけでなく平地でも

かなり大きな集落をつくった．遺跡からは，中石器文化の石器や骨器が出土している．イネ科の草を刈り取るための鎌は骨製の柄にはブレイド石器がはめこまれ，磨製石器の臼や杵，鉢，皿も発見されている（図12-6）．鎌の刃には刈り取ったときにできた光沢がみられ，野生の穀類を刈り取って，処理していたと考えられる．家畜化されたヤギやヒツジ，イヌの骨も発見されている．漁撈も行われていたようで，魚網のおもりと考えられる礫に溝をつけた錘や骨製の釣り針がみつかっている．集落の規模はアイン・マハラが 2,000 km^2，イェリコでは 4 万 km^2 とかなり大きな定住集落をつくった（葭田, 2003）．

　紀元前 7,000 年頃に西アジアで農耕と牧畜が始まったことを示す遺跡が見つかっている．ヨルダンのベイダ遺跡，トルコのチャユヌ遺跡，イラクのカリム・シャヒル，ジャルモ遺跡，アリ・コシュ遺跡などである．これらの遺跡は標高 300-1,500 m にあり，年間降雨量が 300 mm を超える地域である．これは最古の農業形態と考えられる天水農業が行える環境である．小麦や大麦などの栽培が始まり，ヤギやヒツジなどの家畜動物が飼われ始めた．ペルシャ湾からチグリス川やユーフラテス川をさかのぼり，シリアを経てパレスチナやエジプトへと至る半円形の地域は肥沃な三日月地帯と呼ばれ，ムギ類やピスタチオなどの果実類，ウシの野生種で絶滅したオーロックスやヤギなどの原産地である．

　ジャルモ遺跡の下層（紀元前 7,000 年頃）では，土器は出土していないが，泥壁の家での定住生活が営まれていた．石鍬や石鎌，石臼，石杵などの農具が発見され，小麦や大麦は野生種から栽培種への途中段階の資料が出土した．狩猟道具はほとんど発見されず，ヤギやヒツジ，ブタ，イヌなどの家畜種の骨が出土している．建物は石の土台に小屋が建てられ，長方形の部屋に仕切られていた．屋根は木の枝に泥を塗ってつくられ，壁は泥の層を重ねている．村の人口は約 150 人で，戸数は 20 戸以下であったと推定されている．また，西アジアの初期農耕村落の遺跡に共通してみられる，粘土でつくられた動物像やビーナス像が出土している．なお，ジャルモ遺跡の上層（紀元前 6,750 年頃）からは，彩色土器が出土した（ブレイドウッド, 1969）．

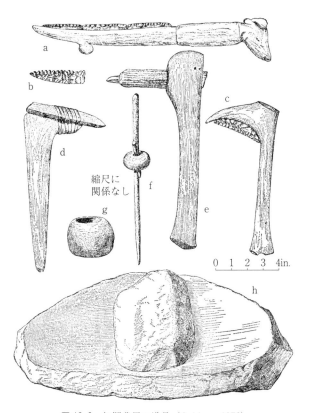

図 12-6 初期農民の道具 (Oakley, 1976)

a. 復原したフリント歯を装着した山羊の頭つきの枝角カマナトゥーフィアン，b. フリント・シクル・ブレイド，新石器時代，c. 半月形フリント，シクルブレイド再造の柄つき，d. 同時代のモデル（ポルトガル）に基づいて復原された磨製石頭を持つ「新石器時代」の鍬（あるいは片刃石器），e. 枝角のスリーヴを持つ木柄に装着された石製アッズ・ブレイド，新石器時代，f. おそらく初期の農具として役立った（南アフリカの食物採集のブッシュマンによって用いられる）ような掘り棒．g. おそらく掘り棒をはめるための有孔の石器．h. 鞍型挽き臼（砂岩），おそらく新石器時代．

13 脳の進化

13.1 人類の脳拡大

　人間の脳は大きい．脳を構成するニューロン（神経細胞）は約 1,000 億個ある．ニューロンとニューロンは約 1,000 個のシナプスを形成してつながっている．シナプスの総数は約 100 兆にもなり，これは銀河系の星の数より多い．この星の数ほどもあるシナプスによって，高い知能や心が生まれる．

　人間とは何かという問いに対する答えは，ホモ・サピエンスという学名が正鵠を射ており，それは賢いヒトを意味する．巨大な脳によってもたらされる賢さによって，ヒトは環境に適応してきた．脳の大きさは脳容積で示すことができ，ヒトの脳容積は類人猿の 3 倍の大きさである．

　脳の進化は，化石人骨の頭骨から知ることができる．頭骨から脳の大きさや脳の表面の形状を推測する．頭骨は脳の鋳型であり，脳が骨の内面に押しつけられていたことにより残された圧痕が残っている．それを手掛かりとして，脳容積や脳の表面の特徴（脳回や脳溝．13.4 節参照）を推定する．脳の大きさは化石人骨から得られるもっとも重要な情報である．頭骨の破片からでも脳容積を推定するが，推定値の信頼性は頭骨の残存状態に左右される．脳の大きさが化石人骨で確かめられるのは，300 万年前のエチオピアのハダール遺跡から出土した，アウストラロピテクス属のアファレンシスからである．

　類人猿の脳容積は，チンパンジーとオランウータンの脳が 375 cm^3，ゴリラが 495 cm^3 なので，類人猿の平均値は約 450 cm^3 である．300 万年前の猿人アウストラロピテクス属の脳容積は，これら現生の類人猿と同程度であったと推

定される．その後100万年前までのアウストラロピテクス属では，脳容積は400-500 cm^{3}の大きさのままで，変化していない．300万年以前の初期猿人については，化石人骨から脳容積を推定するのは困難である．人類と同様に類人猿も進化してきたので，300万年前頃の類人猿の脳容積は現生類人猿よりも小さかったと考えられるが，脳容積を推定できる化石資料はほとんどない．人類が，類人猿との共通祖先から分かれた約700万年前から300万年前まで，初期猿人の脳の大きさは不明であるが，脳容積は400-500 cm^{3}程度と考えてよいであろう．約700-100万年前の猿人段階では，脳容積は400-500 cm^{3}のままで変化しなかったが，生活環境は激変した．この期間に，人類は森林を出てサバンナに進出し，樹上生活から直立二足歩行に大転換した．一方の類人猿は，森林環境に留まったままゆるやかに進化した．

アウストラロピテクス属の猿人は，硬物食のため側頭筋が発達し頭骨の拡大は抑制されていた．約250万年前に北半球では氷河期が始まり，大きな気候変化によって地球環境は変化した．東アフリカでは森林性の動物が減少しサバンナ性の動物が増加した．このさらなる乾燥化によって，ガルヒにみられるような肉食化が始まった可能性が高い．そして，硬物食が減少し臼歯が小さくなったホモ・ハビリスでは脳容積の増大がみられている．

脳の拡大は，250-180万年前のホモ属の出現によって始まった．初期ホモ属のホモ・ハビリスの脳容積は650-800 cm^{3}であった．180万年前のホモ・エレクトスは800-900 cm^{3}に達したが，この間の体の大きさの増加に比べて，脳は著しく拡大した．ホモ・ネアンデルタレンシスを含む旧人の脳は1,200-1,700 cm^{3}となり，新人よりも大きくなった．

脳の大きさと同様に，脳全体の構成，とくに種々の葉の相対的な比率が重要である．大脳皮質は，前頭葉・頭頂葉・側頭葉・後頭葉の4部分に分けることができる（図13-1）．脳の後部に位置する後頭葉は，視覚の機能に関係している．脳の側部にある側頭葉は，記憶を担っている．感覚を結び付け統合しているのは，側頭葉の上にある頭頂葉である．そして，運動の制御と感情的な行動は前頭葉によって行われる．これら4つの葉は，ヒトでも類人猿でも，左右の半球にともに存在しているが，大きさの比率は異なっている．ヒトでは，前頭葉・側頭葉・頭頂葉が大きいが，後頭葉は相対的に小さい．類人猿は，前頭

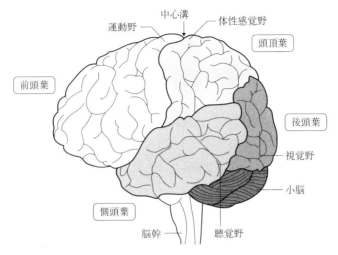

図 13-1 脳の領域
脳は大脳,小脳,脳幹で構成される.大脳は表面をしわのある大脳皮質で覆われ,前頭葉,頭頂葉,側頭葉,後頭葉に分けられる.

葉・側頭葉・頭頂葉が比較的小さいが,後頭葉は発達している.脳の構成のこのような対照的パターンは,おそらく,全体としての脳の大きさの違いに加えて,ヒトの高い知性や優れた技術的・社会的能力に関係している.

頭蓋腔の鋳型から読みとれる脳の全体的な構造から,化石人骨の脳が類人猿に似ているかヒトに似ているかを区別することができる.化石人骨の脳の構成をみると,猿人は類人猿型であり,初期ホモ属のホモ・ハビリスでヒト型に変わったと判断する研究者が多い.つまり,脳の拡大と構成変化が,ホモ属で同時に進化したことになる.ただし,猿人段階で脳の構成が変化したと考える研究者もいる.この場合,脳の構成変化が先行し,やがて環境変化や肉食化によって脳が拡大したことになる.

13.2 生物進化における脳の拡大

動物の進化の2つの局面において,脳の拡大が起こったことが認められている.まず第1に,両生類から爬虫類を経て哺乳類に進化したというように,進

化した生物群へと進む段階で，新しいグループの大脳は飛躍的に拡大した．脳の拡大によって知能が上昇し，動物の生存に関わる神経系のプロセスが，全体的に拡大した．各進化段階で，遺伝的な生得的行動パターンだけでなく，知能上昇による学習能力の向上が重要になった．

2番目の局面は，個々の系統進化の中にみられる．動物の進化過程において，体の大きさが大きくなる傾向が一般的に認められるが，それと平行して脳も大きくなる傾向がある．猿人段階の脳の大きさの約 $400\,\mathrm{cm}^3$ から，現生人類の $1,400\,\mathrm{cm}^3$ まで増大したことの一部は，体の大きさが大きくなったことで説明できる．しかし，3倍以上拡大したことをこれだけでは説明できない．

動物が外界をとらえるとき，視覚，聴覚，嗅覚，触覚などの感覚入力が脳で統合されてつくり出されるものが世界観である．入力と神経系での処理が高度になるほど，脳によってつくり出される内的な世界は複雑でリアルになる．このように複雑さを増すことが，両生類から爬虫類，そして哺乳類へ至る過程で大脳が大きくなったことの基礎にある．哺乳類の生活は，両生類や爬虫類に比べて予測がつきにくいものであり，多様性があると考えられる．ヒトが高い知能を必要とする場面や，日常生活において複雑で予見不可能なものとは何かを考えてみよう．それは，五感を駆使して外界を学習しなければ生き残れないというような世界ではなく，同一種内の他のメンバーたちの行動なのである．巨大な脳に進化する原動力になったのは，社会的相互作用が細分化され拡がることであり，複雑化する人間社会で生きるための学習であろう．

霊長類の重要な特徴の1つは，多様な社会を構成していることである．とくに高等霊長類でその傾向が強い．類人猿の知性の高さと社会的相互作用の複雑さとは強い関連がある．チンパンジーが高い知能を備えているのは，チンパンジーの社会生活が，人間とは異なるものの，きわめて複雑だからである．

13.3 脳拡大の推移

ホモ・ハビリスからホモ・サピエンスに至るまで，脳容積は急速に拡大したが，それはどのようなペースで起こったのかを検討しよう（図13-2）．

先にも述べたように，アウストラロピテクス属の脳容積は，300-100万年前の

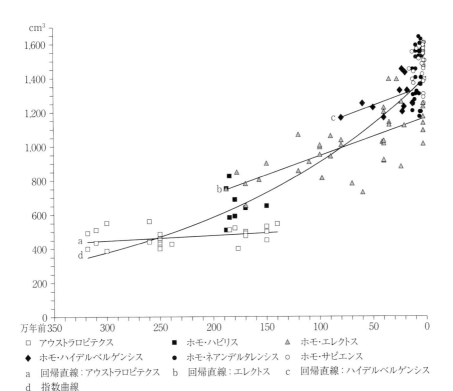

図 13-2 猿人から現代人までの脳容積の変化（Holloway, 2004 のデータより作成）
猿人・原人・旧人段階の回帰直線の当てはめと全データに対する指数曲線の当てはめ．

期間中，400-500 cm³ の大きさのままで，現生の類人猿と同程度であったと推定される．回帰直線を当てはめるとほぼ水平の直線となり，ほとんど脳拡大のないことがわかる．150-100 万年前のホモ・エレクトスでは，1,000 cm³ 程度に脳が拡大した．回帰直線を当てはめると，傾きのある直線となり，ホモ・エレクトスの期間中に脳容積が拡大して 1,000 cm³ に達するようになったと判断できる．2 つの回帰直線は離れており，アウストラロピテクス属からホモ・エレクトスへ向かうには段差がある．この段差の間にあるのがホモ・ハビリスである．250-180 万年前のホモ・ハビリスの脳容積は 650-800 cm³ で，これが脳拡大の始まりとなり，猿人から原人へと飛躍した．

人類が石器製作を始めたのは300万年前から200万年前にかけての全球的気候変動の時期である．アフリカの森林地帯がサバンナに変わり，ホミニン（絶滅種を含む人類）は，それまでの食物源が消えていき，新たな環境に適応するか絶滅するかの岐路に立たされた．頑丈型猿人は，草原環境で手に入る硬い植物性食物を食べるために巨大な大臼歯と強い顎が発達した．一方，より大きな脳を持つホモ属は石器を発明し，草原に生える植物を食べる動物など，さまざまな食物源を利用するようになった．ホモ属は高カロリーの肉を食べることで脳に栄養を供給できるようになり，脳が拡大し，それが新しく優れた道具の発明につながり，栄養価の高い食物を得られるようになった．このようなフィードバックループによって，脳はますます大きくなり，技術革新力もさらに高まった．100万年前までに頑丈型猿人は絶滅し，ホモ属は地球の支配者への道を進むことになる（ウォン，2017）．

　旧人のホモ・ハイデルベルゲンシスでは，50万年前頃の脳容積が1,200 cm^3程度に拡大した．回帰直線を当てはめると，ホモ・エレクトスと同程度の傾きのある直線となり，同じようなペースで増加したと推測される．両直線は離れており，段差があるので，原人から旧人に大きな変化があった．そして約20万年前に出現した新人のホモ・サピエンスでは，脳容積が1,400 cm^3程度になった．一方，旧人のホモ・ネアンデルタレンシスは，ホモ・ハイデルベルゲンシスから進化して，脳容積は1,500 cm^3となり，新人よりも大きくなった．

　このようにグラフを読むと，猿人からホモ・ハビリスを経てホモ・エレクトスまで，ホモ・エレクトスからホモ・ハイデルベルゲンシスへの移行，ホモ・ハイデルベルゲンシスからホモ・サピエンスへの到達というように，脳が段階的に拡大してきたとみることができる．階段を上るように，脳容積は拡大してきたのである．

　一方で，進化段階の区別を離れ，脳拡大の全過程を俯瞰すると，脳拡大はリニアではなくエキスポネンシャルな増加であり，指数関数が当てはまる．グラフでは，アウストラロピテクス属などの進化段階ごとに異なるマークで示している．このマークを無視して，ドットの分布として見直すと，興味深い特徴を見いだすことができる．それは図13-2のdで表した曲線で，指数関数曲線を示している．指数曲線から外れるドットもあるが，脳容積の拡大を全体的に表

現するにはこの方が適しているように見える．指数関数は増加率が一定と仮定したときの曲線を示すので，人類進化の過程で脳容積が一定の増加率で拡大してきたと解釈できる．

　脳を維持するには大量のエネルギーが必要である．成人の場合，脳の重さは体重のたった2%にすぎないのに，消費されるエネルギー量は全体の18%にも達する．大きな脳を維持できる条件は，栄養が高い食物が安定して入手でき，捕食者の脅威が小さい環境に生きる場合である．

　類人猿の3倍もある大きく重い脳を持つ生活には，類人猿とは異なる対応が必要となる．たとえば，成熟したときの脳の大きさは，類人猿では生まれたときの23倍になるが，ヒトでは35倍になる．さらに，ヒトと類人猿を比較すると，体の大きさは類人猿が30-100 kgでヒトはこの範囲内の57 kgであり，妊娠期間はヒトが270日で類人猿が245-270日と，ほとんど同じなのに対して，生まれたときは，脳も体もヒトの方が2倍も大きい．妊娠期間中に，ヒトの母親は，類人猿より多くのエネルギーと栄養を胎児に供給しなければならない．

　成長パターンにも大きな差異がある．成長の早い哺乳類では，母体の中の胎生期に急速に大きくなり，生まれてからはゆっくり成長し，1年ほどで成長が停止する．霊長類もこの早熟型パターンである．ヒトは胎児期に急速に成長し，出産後も急速な成長が続く，晩熟型の成長である．たとえるなら，9カ月の胎内期間に12カ月の胎外期間が続いたような成長パターンになっている．この特殊な成長パターンは二次的晩熟型成長と呼ばれている．その結果，ヒトの新生児は，類人猿よりも長い期間，生存力の乏しい無力な状態が続くことになる．こうして，子どもの面倒をみたり，教育したりする期間が長くなったことが，ヒトの社会生活のスタイルに大きな影響を及ぼしたと考えられる．

13.4　脳の構造と機能

　ヒトの脳は，脳容積が約1,400 cm^3，重さが約1.4 kgの大きな臓器で，明るい灰色をしており，硬めのゼリーのような軟らかさで，頭蓋骨の中に収まっている．脳は大脳，小脳，脳幹の3つの部分に分けることができ，それぞれが異なった機能を持っている（図13-1）．

大脳の形は球の上半分の半球形をしているので，大脳半球と呼ばれる．上からみると，中央に大脳縦裂という深い溝があり，右大脳半球と左大脳半球に分かれる．両半球は脳梁という神経繊維の束によって内部でつながっている．大脳は大脳皮質，大脳基底核，海馬，扁桃核などを含み，大脳の表面は大脳皮質に覆われている．大脳皮質にはしわがあり，しわの盛り上がった部分が脳回，へこんだ部分が脳溝である．各大脳半球は3つの深い溝で4つの領域に分かれ，前頭葉，頭頂葉，側頭葉，後頭葉と名前が付けられている．脳を覆う頭蓋骨は，この4領域のそれぞれに対応して，前頭骨，頭頂骨，側頭骨，後頭骨で構成され，縫合結合している．まさに脳にぴったりの頑丈な容器である．

　大脳は進化の過程で最後に発達した部位で，ヒトの大脳はきわめて大きい．大脳を外観すると，表面はぶよぶよして，しわだらけである．このしわは，いわば1枚の大きなシートを頭蓋骨の内側に収まるように押し込めた状態を示している．しわをすべて広げると約 $2,500\,cm^2$ で，新聞紙一面大の広さになる．大脳は，ニューロンの本体が脳の表面に集まってつくる1枚の大きなシート（皮質）とニューロン間を結ぶ配線部分（白質）からなる．大脳皮質の厚さは一定ではないが 2–5 mm 程度で，150億個以上からなる神経細胞の層になっている．

　大脳皮質は右脳と左脳に分かれ，両者を連絡線維（脳梁）が密接につないでいる．大脳皮質は4葉に分かれ，さらにそれらが視覚野，聴覚野，言語野，運動野など多くの領野に細かく分かれている．脳は外部の情報を受け取り，専用の部位を用いてこれを処理し，また各部位の情報を統合して必要な結論を出力する，高度の並列コンピュータといえる．ただ，それぞれの部位が独立に働くわけではなく，領野間に密接な結合があって，全体として協調しながら働く．

　大脳皮質において，各領野が異なった機能を担当することを機能局在という．その最たるものは，右脳と左脳の機能局在である．左脳は論理的な思考や言語などを司り，右脳は知覚や感性などの直観的な情報処理をする．ただし，両方の領野は決して分離できるものではなくて，右脳と左脳は密接に結ばれ，一体として働いている．

　脳は，部分ごとに異なる機能を担っていて，それが他の臓器と異なる特徴である．それぞれの脳葉は専門とする機能を持ち，さらに各脳葉内でも領域ごと

に機能を分担している．前頭葉は，大脳全体の約30%と，もっとも大きい領域を占め，前頭葉が大きいのがヒトの特徴である．前頭葉には運動野やブローカ野があり，運動や言語に関わる．頭頂葉，側頭葉，後頭葉から入ってくるさまざまな情報をまとめる前頭前野を含み，判断や行動の決定，高次の精神機能などにも関わる．頭頂葉には体性感覚野があり，全身の感覚情報を統合する働きなどを担う．側頭葉には聴覚野やウェルニッケ野があり，音声や文字の意味の理解などを担い，記憶や嗅覚にも関わる．後頭葉には視覚野があり，視覚や色覚などを担う．

　大脳皮質の内側には大脳辺縁系があり，感情の認識とそれに対する身体の反応に関係する．痛み，喜び，従順性，愛情，怒りなどの一連の情動において主要な役割を果たすので，情動脳と呼ばれることもある．大脳辺縁系は古い脳の領域で，相互に連結した5つの構造からなる．扁桃核は恐怖と闘争などの感情に関連し，海馬は学習と記憶に関連する．海馬はタツノオトシゴのような形をしており，記憶を担当する重要な部位である．大脳辺縁系よりさらに深いところには大脳基底核があり，大脳皮質と協調して，表情の動きや運動の調整，動機づけを行う．

　小脳は大脳の後方で下方にあり，大脳よりも細いしわで覆われている．小脳は，脳の10%ほどの重さを占めるにすぎないが，ニューロンの数はここが一番多く，800億個以上ある．小脳は知覚と運動制御を担当し，筋力のバランスを調整して体の平衡と姿勢を保つ役割を担う．また，大脳と協調して働き，体が大脳の指示どおりに動いているかを確認する．大脳が時間をかけて獲得した運動機能は小脳に移されて，ルーチンとして素早く処理できるようになる．この小脳の学習機能は，運動だけではなく，思考における学習にも関連している．

　脳幹は茎のような形状で，大脳から脊髄へつながる柱のような組織であり，もっとも古く発達した部位である．脳幹は基本的な生命維持装置で，呼吸などの自律神経機能の中枢であり，睡眠と覚醒を制御し，さらに外部から大脳に入る情報や大脳から外部に出る情報を中継している．脳幹を構成する間脳は右脳と左脳の中間にあり，視床，視床下部および松果体からなる．視床は嗅覚以外のすべての感覚情報を脊髄や脳幹から大脳に伝え，視床下部は自律神経系と内分泌系の制御を行う．

13.5 ニューロン（神経細胞）

　脳を形成するのは，主として約1,000億個のニューロン（神経細胞）と10-50兆個のグリア細胞（ニューロン以外の神経系の細胞）である．

　200億個ほどのニューロンからなる大脳は，認知，思考，言語，記憶，運動などの機能を持ち，高次の精神機能を生み出している．個々のニューロンは，情報処理機能に特化した細胞であるが，通常の細胞と同様に細胞膜に包まれ，内部の細胞核には遺伝情報であるDNAがある．

　ニューロンは，細胞体と，そこから伸びた樹状突起および軸索からなる．入力情報を受け取るのが樹状突起，情報を出力するのが軸索で，両者は他の細胞にはないニューロン独特の構造である．樹状突起は，細胞本体から樹のように広がった枝を何本も出して，他のニューロンからの電気信号を受け取る．軸索は1本で，長さは数ミリから1m以上のものまである．1つのニューロンが受け取る信号は，平均して数千，多いものでは1万個にもなる（図13-3）．

　軸索は，ニューロンからの出力情報を他のニューロンに伝える線維であり，1つのニューロンからの出力は1度に1個である．ニューロンから1本の軸索が伸び，途中で枝分かれして何千個もの他のニューロンと結合し，どのニューロンにも同じ情報を伝える．ニューロンが伝える情報は，電気パルスの形をしている．多くの軸索には，髄鞘（ミエリン鞘）が巻き付いている．髄鞘は電気を通さない絶縁体である．髄鞘の間には軸索がむき出しになったランビエ絞輪がある．そこに，ナトリウムイオンを通すナトリウムチャネルという穴がある．ニューロンは電気信号で情報をやりとりしており，細胞体が刺激を受けると，ナトリウムチャネルが軸索の根元から順に開いていく．ナトリウムチャネルが開くと，ニューロンの外から内にナトリウムイオンが流入する．この反応が連鎖することで，電気信号が軸索から下っていく．

　ニューロン同士は直接つながるのではなく，ニューロン間にはわずかな隙間が存在している．シナプス間隙というこの隙間は，電子顕微鏡でしかみることができない．その距離はわずか20-40 nm（1ナノは10^{-9}）である．軸索を通ってきた電気信号はこのシナプス間隙を飛びこえることはできない．電気信号がシナプスまでくると，神経伝達物質を入れた小胞がシナプス表面に運ばれ，中

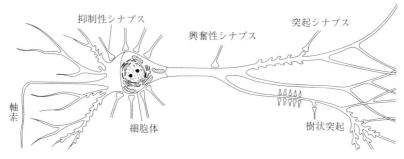

図 13-3 ニューロン（神経細胞）

の神経伝達物質をシナプス間隙に放出する．この神経伝達物質が，信号を受け取る側のニューロンにあるレセプター（受容体）に結合することによって信号が伝わる．

13.6 脳拡大の原因

　ヒトの脳が類人猿の3倍にも大型化した原因は，ヒトと類人猿の差異から推測されてきた．類人猿にはできないこととして道具製作に着目し，ヒトは道具をつくって使うことが脳拡大の原因であるという考え方が通説となった．遺跡から発掘される石器から，製作技術のレベルの向上が推測でき，脳の拡大につながったと考えるのである．この Man the toolmaker という考え方は1950年代を通じて主流となったが，その後，Man the hunter という考え方に変わっていった．狩猟道具の製作から，狩猟生活に重点を置くような変化はあるものの，狩猟道具を製作して狩猟技術を向上させる努力が，脳拡大の推進力となったという考え方である．

　先にも述べたように，約250万年前の氷河期の始まりにより，東アフリカでは乾燥化が進んで，サバンナ性の動物が増加したことで，ガルヒは石器を用いて肉食を始めた．そして，硬物食が減少し臼歯が小さくなったホモ・ハビリスでは脳容積が拡大した．石器製作は脳を刺激し続ける手作業なので，石器製作と知能の発達は強く関連すると考えられる．さらに，狩猟活動では狩猟動物の生態知識や狩猟経験の記憶などのスキルが重要であることから，高度な判断と

的確な体の動きに必要な知能が発達したのであろう．

　近年になって現れたのは，Man the social animal という見方である．霊長類は，実験室でのテストでは高い知性を有していることを示すが，自然群の野外観察では，そのような知性を示す行動がみられない．霊長類の社会は，他の哺乳類の社会に比べてとくに厳しくはないが，群内での個体間関係は非常に複雑である．ヒト社会での個体間関係の中心をなす高度な認知機能は霊長類にもあり，霊長類は自分とは他の個体に対する行動の結果を予測できる．複雑な社会内個体間関係を持つ種ほど大脳皮質が大きい．霊長類の知性が日常生活活動ではなく社会内個体間関係と関連して発達したと考えられる．ひとたび社会の複雑さがある水準に達すると，新たな内圧が生じて複雑さを一層増していくように作用する．このような社会的要因が，脳拡大という進化につながったと考えられる．

　ダンバー（R. Dunbar）によると，脳の大きさは多くの仲間とそれぞれ違う付き合いをすることで，記憶力と共感力と思考力というキャパシティーを高める過程で相乗的に大きくなった（ダンバー，2016）．よく引用されるダンバー数（人間が安定的な社会関係を維持できるとされる人数の認知的な上限）のように，だんだんと集団サイズが増えるにしたがって脳が大きくなっていった．集団の個体数が増えると，寄生虫や病気の移りやすさも増え，近くの食料を食い尽くして移動し，移動距離も長くならざるを得ない．つまり，生活スタイルが変わると集団サイズも変わり，最終的にダンバーのいうような 1,500 cm^3 の脳だと 160 人の集団に落ち着く．そのときにそれまであったさまざまな制約条件が取り払われて，新たな社会性や行動が生まれた可能性が高い（諏訪・山極，2016）．

13.7　出産の進化

　陣痛が開始してから子が誕生するまでの時間を分娩所要時間とすると，ヒトでは初産で平均 15 時間である．ヒトの分娩時間は，ほかの哺乳類と比較して長い．チンパンジーの初産の平均分娩所要時間の約 2 倍である．長時間にわたる分娩は，ヒトの産道の構造による．子が産道を通過するのに時間がかかるからである（奈良，2012）．

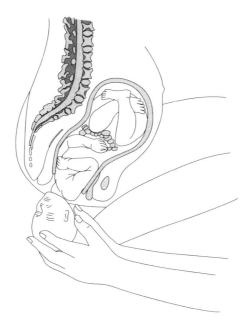

図 13-4 ヒトの出産
胎児は母体の背中側を向いて生れる．

　ヒトが大きな脳，そして高度な知能を得るためには，出産が容易ではないという代償が必要であった．現代人は，直立二足歩行と大きな脳をともに獲得したために，独特の出産方法を余儀なくされている．ヒトが直立二足歩行を始めたために，胎児の通り道である骨盤内腔の広さが制限されるようになった．胎児が産道を通る際に複雑に体をひねったり回転したりするために，10万年以上にわたってヒトとその祖先が出産で苦しんできた．大きな脳を持つ胎児，直立歩行に適応した骨盤，そして，胎児が母体の背中側を向いて生まれてくる回旋分娩という出産の三重苦が脳拡大の代償である（図13-4）．

　ヒトは，産道の断面の形状が入り口から出口にかけて一定ではないために，状況は複雑である．胎児の出発点となる産道の入り口は，母体の左右方向に長い楕円となっている．しかし，この楕円の向きは産道の途中で90度回転し，母体の前後方向に長い楕円となる．このためヒトの胎児は自分の体のなかでもっとも寸法の大きい頭と肩という2つの部分がつねに産道の最大径に一致する

ように，順次，体を回旋させながら産道内を移動しなくてはならない．胎児は通常，上下逆さで頭を下にしており，産道に入るときには母体の横側を向いている．しかし産道の途中まで来ると，頭を回旋させて母体の背中側を向き，後頭部を母体の恥骨に押し当てる．この時点では，左右の肩は母体の横方向に並んでいる．産道から出るとき，胎児は母体の後ろ側を向いたまま頭をわずかに横に回旋させる．この頭の動きに合わせて肩が回旋し母体の恥骨と尾骨の間の長径に肩が入るようになる．

母親の産道と胎児の大きさはきわめて近い．ヒトの女性の骨盤口の平均的な大きさは，最大径13 cm，最小径10 cmである．一方，胎児の頭の平均的な前後径は10 cm，肩幅は12 cmである．そのうえ産道がねじれているため，ヒトの出産は困難を伴い，母親と胎児は危険にさらされる．

大きな脳を持ち，二足歩行をする人類が誕生した500万年前にはすでに出産は困難で危険を伴う作業になったと考えられる．ヒトの進化の過程を追って出産方法の変化を辿ると，二足歩行の出現に伴って骨盤と産道の大きさや形状が制限されるようになったことがわかる（ローゼンバーグ・トリーバスン，2002）．

アウストラロピテクスについては，2つの完全な化石人骨から，この時代の女性の骨盤が復元できた．ステルクフォンテイン遺跡から発掘された250万年前の化石人骨と，エチオピアのハダールで発見されたルーシーとして知られる，300万年前の女性の化石人骨である．この2つの標本と新生児の頭の大きさの推定値に基づき，初期ヒト科の出産方法は，現代のヒトとも，他の類人猿とも違っていたと推定される．アウストラロピテクスの産道の形状は，入り口も出口も左右に広い扁平な楕円形なので，胎児の頭は産道内では回旋しなかったと考えられるが，頭が外に出てから，頭を回旋させて両肩を出す必要があった．アウストラロピテクスの産道は左右対称で，出口まで同じ断面形状が保たれている（ローゼンバーグ・トリーバスン，2002）．

初期ヒト属の骨盤の化石はきわめて少ない．トゥルカナ・ボーイと呼ばれる保存状態のよい少年の化石人骨から，同じ種の女性の骨盤を復元し，産道の形状を推定すると，産道の形はアウストラロピテクスと同じく扁平の楕円だった．初期ヒト属では骨盤の解剖学的構造がヒトの脳の成長を抑制しており，進化によって産道が広くなってはじめて，そのぶんだけ大きな脳を持つことが可能に

なったと考えられる．200万年前から10万年前にかけて起こったこうした骨盤の構造変化のために介助出産の習慣が生まれ，ヒトの脳も劇的に大きくなっていったと考えられる（ローゼンバーグ・トリーバスン，2002）．

　原始ホモ・サピエンスの骨盤の化石は3つ見つかっている．スペインのアタプエルカ山脈にあるシマ・デ・ロス・ウエソスで発見された男性（20万年以上前），中国・金牛山出土の女性（28万年前），そしてイスラエルのケバラ・ネアンデルタール（やはり原始ホモ・サピエンスの1種）の男性（約6万年前）のものである．この3つの骨盤標本はいずれも現代人と同じねじれた骨盤口という特徴を備えていた．ここから，大きな脳を持つ胎児は頭と肩を産道内で回旋させる必要があり，したがって母親とは逆の方向を向いて生まれてきた可能性が高い．

　ヒトの子どもは，母親と反対の方向を向いて産道を出てくるので，母親は産道から出てくる子どもを手で外へ引っぱり出すことができない．ヒトは出産に際して他者に介助を求めることで，こうした問題に対処している．ヒトは出産に際して他者からの介助を必要とする唯一の霊長類である．出産の際に介助を求める習慣は，最初のヒト属が出現したときにはすでに存在し，直立二足歩行を確立させた500万年前にさかのぼる．500万年前には，助産の習慣がすでに始まっていたと考えられる（ローゼンバーグ・トリーバスン，2002）．

　他者の介助が必要になるほどヒト科の出産が困難になった理由は，直立二足歩行に加えて，脳が拡大の一途を辿ったためである．母子の命を救う介助は，簡単な介助でも，長い間にわたって母親と赤ん坊の死亡率の低下に重要な役割を果たしてきた．ヒトの文化において介助分娩は普遍的な習慣である．出産時に他者に介助を求めることは，仲間や安心感を求める気持ちにつながり，環境適応的に有利な資質と考えられる．仲間を求めるこうした感情は，病気やけがをしたときにもみられ，恐怖や不安を体験した者は仲間に保護を求める．他者に助けられることで，生き延びる確率が高まる．進化上，恐怖や不安という感情が有利だったことを考えれば，多くの女性が出産の際にこうした感情を抱くのは当然だろう（ローゼンバーグ・トリーバスン，2002）．

付表　人類の分類体系

人類段階	表記	学名	年代（万年前）	発表者	発表年	模式標本	遺跡
初期猿人	サヘラントロプス	*Sahelanthropus tchadensis*	700-600	Brunet *et al.*	2002	TM 266-01-060-1	チャドのトロスメナラ
	オロリン	*Orrorin tugenensis*	600	Senut *et al.*	2001	BAR 1000'00	ケニアのルケイノ
	カダバ	*Ardipithecus kadabba*	570-430	Haile-Selassie	2001	ARA-VP-6/1	エチオピアのミドルアワッシュ、ゴナ
	ラミダス	*Ardipithecus ramidus*	580-520	White, Suwa and Asfaw	1994	ALA-VP-2/10	エチオピアのミドルアワッシュ
猿人	アナメンシス	*Australopithecus anamensis*	420-390	M. Leakey *et al.*	1995	KNM-KP 29281	ケニアのアリア・ベイ、カナポイ
	アファレンシス	*Australopithecus afarensis*	400-300	Johanson, White and Coppens	1978	LH 4	タンザニアのラエトリ、エチオピアのベローデリー、ディキカ、フェジェジ、ハダール、マカ、ホワイトサンズ、ケニアのアリア・ベイ、タバリン、ウエスト・トゥルカナ
	バーレルガザリ	*Australopithecus bahrelghazali*	350-300	Brunet *et al.*	1995	KT 12/H 1	チャドのバール・エル・ガザール
	ケニアントロプス・プラティオプス	*Kenyanthropus platyops*	350-330	M. Leakey *et al.*	2001	KNM-WT 40000	ケニアのウエスト・トゥルカナ
	アフリカヌス	*Australopithecus africanus*	300-240	Dart	1925	Taung 1	南アフリカのタウング、グラディスヴェール、マカパンスガット（第3、4層）、ステルクフォンテイン（第4層）
	ガルヒ	*Australopithecus garhi*	250	Asfaw *et al.*	1999	BOU-VP-12/130	エチオピアのブーリ
	エチオピクス	*Paranthropus aethiopicus*	250-230	Arambourg and Coppens	1968	Omo 18.18	ケニアのウエスト・トゥルカナ、エチオピアのオモ・シュングラ累層
	ロブストス	*Paranthropus robustus*	200-150	Broom	1938	TM 1517	南アフリカのクーパース、ドリモレン、ゴンドリン、クロムドライ（第3層）、スワルトクランス（第1、2、3層）

人類段階	表記	学名	年代（万年前）	発表者	発表年	模式標本	遺跡
	ボイセイ	*Paranthropus boisei*	230-130	L. Leakey	1959	OH 5	タンザニアのオルドヴァイ、ベニンジ（ナトロン）、エチオピアのコンソ、オモ・シュンゲラ累層、ケニアのチェソワニャ、クービ・フォラ、ウエスト・トゥルカナ、マラウィのメレマ
原人	ホモ・ハビリス	*Homo habilis*	240-160	L. Leakey, Tobias and Napier	1964	OH 7	タンザニアのオルドヴァイ、エチオピアのオモ・シュンゲラ累層、ケニアのクービ・フォラ、南アフリカのスタルクフォンテイン、スワルトクランス
	ホモ・ルドルフェンシス	*Homo rudolfensis*	240-160	Alexeev	1986	KNM-ER 1470	ケニアのクービ・フォラ、マラウィのウラハ
	ホモ・エレクトス	*Homo erectus*	180-20	Dubois	1892	Trinil 2	旧大陸の多くの遺跡、インドネシアのサンブンマチャン、サンギラン、トリニール
	ホモ・エルガスター	*Homo ergaster*	190-150	Walker and R. Leakey	1993	KNM-ER 992	ケニアのクービ・フォラ、ウエスト・トゥルカナ
	ホモ・ジョルジクス	*Homo georgicus*	180	Vekua *et al.*	2002	D2600	グルジアのドマニシ
	ホモ・アンテセッサー	*Homo antecessor*	70-50	Hublin	2001	ATD6-5	スペインのアタプエルカのグラン・ドリナ
	ホモ・フロレシエンシス	*Homo floresiensis*	9.5-1.8	Brown *et al.*	2004	LB 1	インドネシアのフローレス島のリアン・ブア
旧人	ホモ・ハイデルベルゲンシス	*Homo heidelbergensis*	60-10	Schoetensack	1908	Mauer 1	アフリカとヨーロッパの多くの遺跡、ドイツのマウエル、イギリスのボックスグローブ、ザンビアのカブウェ
	ホモ・ネアンデルタレンシス	*Homo neanderthalensis*	20-3	King	1864	Neanderthal 1	ヨーロッパとアジアの多くの遺跡
新人	ホモ・サピエンス	*Homo sapiens*	20-現在	Linnaeus	1758	なし	旧大陸の多くの遺跡、新大陸でも少しの遺跡

出典：（諏訪, 2006）および（ウッド, 2014）を参考に作成。

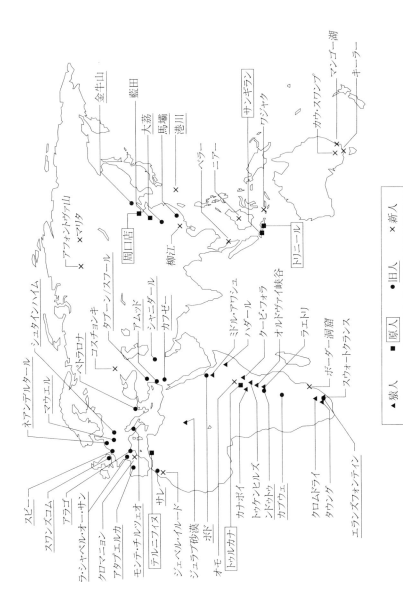

付図　主要な人類化石の発見地（大塚他，2012を改変）

引用文献

Ackermann, R. R. *et al.* (2016) The Hybrid Origin of "Modern" Humans. *Evolutionary Biology*, **43**: 1-11.
Appenzeller, T. (2018) Europe's first artists were Neandertals. *Science*, **359**: 852-853.
Bae. C. J. *et al.* (2017) On the origin of modern humans: Asian perspectives. *Science*, **358**, 1269.
DeMenocal, P. B. (2004) African climate change and faunal evolution during the Pliocene-Pleistocene. *Earth and Planetary Science Letters*, **220**: 3-24.
Fischer, A.G. (1982) Chap.9. Long-term climatic oscillations recorded in stratigraphy. In *Climate in Earth History*, The National Academies Press Studies in Geophysics.
Green, R. E. *et al.* (2010) A draft sequence of the Neandertal genome. *Science*, **464**: 710-722.
Holloway, R. L., D. C. Broadfield, M. S. Yuan. (2004) Appendix 1Endocranial Volumes of the Fossil Hominids. *The Human Fossil Record*, Volume 3, John Wiley & Sons.
Hublin, J.-J. *et al.* (2017) New fossils from Jebel Irhoud, Morocco and the pan-African origin of Homo sapiens. *Nature*, **546**: 289-292.
IPCC (2013) Climate Change 2013: The Physical Science Basis. Contribution of Working Group I to the Fifth Assessment Report of the Intergovernmental Panel on Climate Change [Stocker, T. F., *et al.* (eds.)]. Cambridge University Press, Cambridge.
Katoh, S. *et al.* (2016) New geological and paleontological age constraint for the gorilla-human lineage split. *Nature*, **530**: 215-218.
Krause, J. *et al.* (2010) The complete mitochondrial DNA genome of an unknown hominin from southern Siberia. *Nature*, **328**: 894-897.
Lisiecki, L. E. and M. E. Raymo (2005) A Pliocene-Pleistocene stack of 57 globally distributed benthic o 180 records. *Paleoceanography*, **20**: 1003.
Reich, D. *et al.* (2010) Genetic history of an archaic hominin group from Denisova cave in Siberia. *Nature*, **468**: 1053-1060.
Richter, D. *et al.* (2017) The age of the hominin fossils from Jebel lrhoud. *Nature*, **546**: 293-296.
Scerri, E. *et al.* (2018) Did our species evolve in subdivided populations across Africa, and why does it matter?. *Trends in Ecology & Evolution*, **33**: 582-594.
Slon, V. *et al.* (2018) Morocco, and the origins of the middle stone age. *Nature*, **561**: 113-116.
Stringer C. and J. Galway-Witham (2017) On the origin of our species. *Nature*, **546**: 212-214.
Walker, A. and Leakey, R. (1993) *The Nariokotome Homo Erectus Skeleton*, Harvard University Press.
Warren, M. (2018) First ancient-human hybrid. *Nature*, **560**: 417-418.
White, T. *et al.* (2009) Ardipithecus ramidus and thepaleobiology of early hominids. *Science*, **326**: 75-86.

Zachos, J. C., G. R. Dickens and R. E. Zeebe (2008) An early Cenozoic perspective on greenhouse warming and carbon-cycle dynamics. *Nature*, **451**: 279-283.

Zihlman, A. L. (1982) *The Human Evolution Coloring Book*, Coloring Concepts.

アンガー，P. S.（2019）「歯が語る人類祖先の食生活」『日経サイエンス』2019 年 1 月号，pp. 66-75.

ウォン，K.（2005）「最古の人類に迫る――700 万年前の化石の謎」馬場悠男編『別冊日経サイエンス 151　人間性の進化――700 万年の軌跡をたどる』，pp. 22-33.

ウォン，K.（2013）「覆った定説　ネアンデルタール人は賢かった」篠田謙一編『別冊日経サイエンス 194　化石とゲノムで探る人類の起源と拡散』pp. 58-61.

ウォン，K.（2015）「ネアンデルタール人の知性」『日経サイエンス』2015 年 6 月号，pp.56-63.

ウォン，K.（2016）「現代人の源流？　ホモ・ナレディ」『日経サイエンス』2016 年 7 月号，pp. 78-89.

ウォン，K.（2017）「誰が作ったのか？　最古の石器発見で揺らぐ定説」『日経サイエンス』2017 年 11 月号，pp. 66-74.

ウォン，K.（2018）「ホモ・サピエンス成功の舞台裏」『日経サイエンス』2018 年 12 月号，pp. 62-67.

ウッド，B.（2014）『人類の進化――拡散と絶滅の歴史を探る』(馬場悠男訳) 丸善出版.

太田博樹（2014）「古人類のゲノム解析――ネアンデルタール人とデニソワ人」『生物科学』65, pp. 195-235.

大塚柳太郎，河辺俊雄，高坂宏一，渡辺知保，阿部卓（2012）『人類生態学　第 2 版』東京大学出版会.

大塚柳太郎（2015）『ヒトはこうして増えてきた――20 万年の人口変遷史』新潮社.

オークリー，K.（1971）『石器時代の技術』（ニュー・サイエンス社）．(Oakley, K.（1976）*Man the Tool-Maker*, Univ. of Chicago Press.)

小原秀雄，浦本昌紀，太田英利，松井正文（2000）『世界動物遺産　レッド・データ・アニマルズ 5　東南アジアの島々』講談社.

海部陽介（2005）『人類がたどってきた道――"文化の多様化"の起源を探る』日本放送出版協会.

加納隆至（1986）『最後の類人猿――ピグミーチンパンジーの行動と生態』どうぶつ社.

鎌田浩毅（2016）『地球の歴史』（上・中・下）中央公論新社.

環境省編（2008）『平成 20 年版　環境・循環型社会白書』.

旧石器文化談話会（2007）『旧石器考古学辞典〈三訂版〉』学生社.

京都大学霊長類研究所編（2007）『霊長類進化の科学』京都大学学術出版会.

久世濃子（2018）『オランウータン――森の哲人は子育ての達人』東京大学出版会.

グドール，J.（1996）『森の隣人――チンパンジーと私』（河合雅雄訳）朝日新聞社.

黒田末寿（1982）『ピグミーチンパンジ――未知の類人猿』筑摩書房.

黒田末寿，片山一道，市川光雄（1987）『人類の起源と進化』有斐閣.

サベージ＝ランボー，S.（1993）『カンジ――言葉を持った天才ザル』（加地永都子訳）日本放送出版協会.

篠田謙一（2013）「DNA から追求する新大陸先住民の起源」印東道子編『人類の移動誌』臨川書店，pp. 219-231.

篠田謙一（2016）「ホモ・サピエンスの本質をゲノムで探る」『現代思想』44-10，pp. 57-67

島泰三（2003）『親指はなぜ太いのか――直立二足歩行の起源に迫る』中央公論新社.

シュリーブ，J. (2013)「デニソワ人 知られざる祖先の物語」『ナショナルジオグラフィック日本版』2013 年 7 月号，pp. 94-05.
シュリーブ，J. (2015)「眠りから覚めた謎の人類」『ナショナル ジオグラフィック日本版』2015 年 10 月号，pp. 36-60.
ジョハンスン，D., ジェイムズ，S. (1993)『ルーシーの子供たち――謎の初期人類，ホモ・ハビリスの発見』(堀内静子訳) 早川書房．(Johanson, C. D. and Shreeve, J. (1989) *Lucy's Child: The discovery of a human ancestor*, William Morrow & Co.)
鈴木晃 (2003)『オランウータンの不思議社会』岩波書店．
ストリンガー，C., アンドリュース，P. (2012)『人類進化大全――進化の実像と発掘・分析のすべて』(馬場悠男，道井しのぶ訳) 悠書館．
諏訪元 (2006)「化石からみた人類の進化」斉藤成也ほか (編)『シリーズ進化学 5 ヒトの進化』岩波書店，pp. 13-64.
諏訪元 (2014)「人類が辿ってきた進化段階」『生物科学』65，pp. 195-204
諏訪元 (2012a)「ヒトの進化」日本進化学会 (編)『進化学事典』共立出版，pp. 436-441.
諏訪元 (2012b)「類人猿とヒトの系統の分岐」日本進化学会 (編)『進化学事典』共立出版，pp. 442-445.
諏訪元 (2012c)「人類起源への新たな視点」『季刊考古学』118，pp. 18-23.
諏訪元 (2012d)「ラミダスが解き明かす初期人類の進化的変遷」『季刊考古学』118，pp. 24-29.
諏訪元，山極寿一 (2016)「プレ・ヒューマンへの想像力は何をもたらすか」『現代思想』44-10，pp. 34-56.
芹沢長介 (2009)「旧石器時代」『世界大百科事典』平凡社，pp. 199-203.
ソレッキ，R. (1977)『シャニダール洞窟の謎』(香原志勢・松井倫子訳) 蒼樹書房．
ダーウィン，C. (2016)『人間の由来 上・下』(長谷川眞理子訳) 講談社．
田近英一 (2011)『大気の進化 46 億年 O_2 と CO_2――酸素と二酸化炭素の不思議な関係』技術評論社．
タッターソル，I. (1998)『化石から知るヒトの進化』(河合信和訳) 三田出版会．
タッターソル，I. (2016)『ヒトの起源を探して――言語能力と認知能力が現代人類を誕生させた』(河合信和訳) 原書房．
ダンバー，R. (2016)『人類進化の謎を解き明かす』(鍛原多恵子訳) インターシフト．
長沼毅 (2013)『生命とは何だろう？』集英社インターナショナル．
長沼正樹 (2016)「考古学から見た人類活動の変化」『現代思想』44-10，pp. 127-139.
奈良貴史 (2012)『ヒトはなぜ難産なのか――お産からみる人類進化』岩波書店．
西田利貞編 (2001)『ホミニゼーション』京都大学学術出版会．
西田利貞 (2007)『人間性はどこから来たか――サル学からのアプローチ』京都大学学術出版会．
西田利貞 (2008)『チンパンジーの社会』東方出版．
西田正規 (2007)『人類史のなかの定住革命』講談社．
ニュートン編集部 (2019)「サピエンスのすべて ヒトが人になるまで」『Newton』2019 年 1 月号，pp. 26-79
ハンフリー，L., ストリンガー，C. (2018)『サピエンス物語』(山本大樹訳) エクスナレッジ．
ビガン，D. (2017)『人類の祖先はヨーロッパで進化した』(馬場悠男，野中香方子訳) 河出書房新社．

ブリュネ，M.（2012）『人類の原点を求めて――アベルからトゥーマイへ』（諏訪元監修，山田美明訳）原書房．
ブレイドウッド，J.（1969）『先史時代の人類』（泉靖一他訳）新潮社．
ペーボ，S.（2015）『ネアンデルタール人は私たちと交配した』（野中香方子訳）文藝春秋．
ベルウッド，P.（2008）『農耕起源の人類史』（長田俊樹，佐藤洋一郎監訳）京都大学学術出版会．
ボルド，F.（1971）『旧石器時代』（芹沢長介，林健作訳）平凡社．
松沢哲郎（1991）『チンパンジー・マインド――心と認識の世界』岩波書店．
松沢哲郎（2011）『想像するちから――チンパンジーが教えてくれた人間の心』岩波書店．
松本晶子（2013）「ヒヒはなぜサバンナへ移動したか？」『人類の移動誌』臨川書店，pp. 48-53．
安成哲三（2013）「「ヒマラヤの上昇と人類の進化」再考　第三紀末から第四紀におけるテクトニクス・気候生態系・人類進化をめぐって」『ヒマラヤ学誌』**14**，京都大学ヒマラヤ研究会，pp. 19-38．
安成哲三（2018）『地球気候学――システムとしての気候の変動・変化・進化』東京大学出版会．
山極寿一（2007）『ヒトはどのようにしてつくられたか』岩波書店．
山極寿一（2008）『人類進化論――霊長類学からの展開』裳華房．
山極寿一（2012）『家族進化論』東京大学出版会．
山極寿一（2015）『ゴリラ』（第2版）東京大学出版会．
蒄田光三（2003）『自然と文化の人類学』八千代出版．
ルーウィン，R.（2002）『ここまでわかった人類の起源と進化』（保志宏訳）てらぺいあ．（Lewin, R.（1999） *Human Evolution*, 4th ed., Blackwell Science, Inc.）
レウィン，R.（1988）『ヒトの進化――新しい考え』（三浦賢一訳）岩波書店．
ローゼンバーグ，K., トリーバスン，W.（2002）「出産の進化」『日経サイエンス』2002年4月号，pp. 86-92．
渡辺仁（1985）『ヒトはなぜ立ちあがったか――生態学的仮説と展望』東京大学出版会．

参考文献

Kawabe, T.（2014）*The Gidra: Bow-hunting and sago life in the tropical forest.* 京都大学学術出版会．
赤澤威ほか編（1995）『モンゴロイドの地球』（全5巻）東京大学出版会．
赤澤威ほか編（2000）『ネアンデルタール・ミッション――発掘から復活へ　フィールドからの挑戦』岩波書店．
池谷裕二（2015）『脳と心のしくみ』新星出版社．
伊谷純一郎（1961）『ゴリラとピグミーの森』岩波書店．
伊谷純一郎（1972）『霊長類の社会構造』共立出版．
伊谷純一郎（1987）『霊長類社会の進化』平凡社．
伊谷純一郎，伊谷原一（2014）『人類発祥の地を求めて――最後のアフリカ行』岩波書店．
印東道子編（2012）『人類大移動――アフリカからイースター島へ』朝日新聞出版．
印東道子編（2013）『人類の移動誌』臨川書店．
ウォーカー，A.（2000）『人類進化の空白を探る』（河合信和訳）朝日新聞社．
ウォルター，C.（2014）『人類進化700万年の物語――私たちだけがなぜ生き残れたのか』（長野敬，赤松眞紀訳）青土社．
ウッド，B.（2014）『人類の進化――拡散と絶滅の歴史を探る』（馬場悠男訳）丸善出版．
オークリー，K.（1971）『石器時代の技術』（国分直一，木村伸義訳）ニュー・サイエンス社．
大塚柳太郎，河辺俊雄，高坂宏一，渡辺知保，阿部卓（2012）『人類生態学』（第2版）東京大学出版会．
大塚柳太郎（2015）『ヒトはこうして増えてきた――20万年の人口変遷史』新潮社．
小原秀雄，浦本昌紀，太田英利，松井正文（2000）『世界動物遺産　レッド・データ・アニマルズ5 東南アジアの島々』講談社．
尾本恵市（2015）『ヒトはいかにして生まれたか――遺伝と進化の人類学』講談社．
海部陽介（2005）『人類がたどってきた道――"文化の多様化"の起源を探る』日本放送出版協会．
科学雑学研究倶楽部編（2016）『人類進化の秘密がわかる本』学研プラス．
片山一道編（1996）『人間史をたどる――自然人類学入門』朝倉書店．
片山一道（2015）『骨が語る日本人の歴史』筑摩書房．
片山一道（2016）『身体が語る人間の歴史――人類学の冒険』筑摩書房．
金子隆一（2011）『アナザー人類興亡史――人間になれずに消滅した"傍系人類"の系譜』技術評論社．
加納隆至（1986）『最後の類人猿――ピグミーチンパンジーの行動と生態』どうぶつ社．
鎌田浩毅（2016）『地球の歴史』（上・中・下）中央公論新社．
河合信和（2009）『人類進化99の謎』文藝春秋．
河合信和（2010）『ヒトの進化 七〇〇万年史』筑摩書房．
川上伸一（2009）『最新地球史がよくわかる本』秀和システム．

川端裕人（2017）『我々はなぜ我々だけなのか——アジアから消えた多様な「人類」たち』講談社.
河辺俊雄（2010）『熱帯林の人類生態学——ギデラの暮らし・伝統文化・自然環境』東京大学出版会.
木村有紀（2001）『人類誕生の考古学』同成社.
旧石器文化談話会（2007）『旧石器考古学辞典 三訂版』学生社.
京都大学人類学研究会編（1974）『目でみる人類学第2版』ナカニシヤ出版.
京都大学霊長類研究所編（2007）『霊長類進化の科学』京都大学学術出版会.
久世濃子（2018）『オランウータン——森の哲人は子育ての達人』東京大学出版会.
グドール，J.（1990）『野生チンパンジーの世界』（杉山幸丸，松沢哲郎監訳）ミネルヴァ書房.
グドール，J.（1994）『心の窓——チンパンジーとの30年』（高崎和美，伊谷純一郎，高崎浩幸訳）どうぶつ社.
グドール，J.（1996）『森の隣人——チンパンジーと私』（河合雅雄訳）朝日新聞社.
黒田末寿（1980）『ピグミーチンパンジー——未知の類人猿』筑摩書房.
黒田末寿，片山一道，市川光雄（1987）『人類の起源と進化』有斐閣.
黒田末寿（1999）『人類進化再考——社会生成の考古学』以文社.
河野礼子監修（2015）『人類の進化大研究——700万年の歴史がわかる』PHP研究所.
コパン，Y.（2002）『ルーシーの膝——人類進化のシナリオ』（馬場悠男，奈良貴史訳）紀伊國屋書店.
斎藤成也他（2006）『ヒトの進化』岩波書店.
斎藤成也（2009）『絵でわかる人類の進化』講談社.
佐藤暢（2017）『地球の科学（改訂版）——変動する地球とその環境』北樹出版.
サベージ－ランボー，S.（1993）『カンジ——言葉を持った天才ザル』（加地永都子訳）日本放送出版協会.
サベージ－ランボー，S.，ルーウィン，R.（1997）『人と話すサル「カンジ」』（石館康平訳）講談社.
左巻健男（2016）『面白くて眠れなくなる人類進化』PHP研究所.
座馬耕一郎（2016）『チンパンジーは365日ベッドを作る——眠りの人類進化論』ポプラ社.
シップマン，P.（2015）『ヒトとイヌがネアンデルタール人を絶滅させた』（河合信和，柴田譲治訳）原書房.
篠田謙一編（2013）「化石とゲノムで探る人類の起源と拡散」『別冊日経サイエンス』194，日経サイエンス.
篠田謙一（2015）『DNAで語る日本人起源論』岩波書店.
篠田謙一編（2017）『人類への道——知と社会性の進化』日経サイエンス.
篠田謙一監修（2017）『ホモ・サピエンスの誕生と拡散』洋泉社.
島泰三（2003）『親指はなぜ太いのか——直立二足歩行の起源に迫る』中央公論新社.
ジョハンスン，D.（1993）『ルーシーの子供たち——謎の初期人類、ホモ・ハビリスの発見』（堀内静子訳）早川書房.
ジョハンソン，D.，エディ，M.（1986）『ルーシー——謎の女性と人類の進化』（渡辺毅訳）どうぶつ社.
鈴木晃（2003）『オランウータンの不思議社会』岩波書店.
ストリンガー，C.（2001）『出アフリカ記 人類の起源』（河合信和訳）岩波書店.
ストリンガー，C.，アンドリユース，P.（2012）『人類進化大全——進化の実像と発掘・分析の

すべて』(馬場悠男, 道方しのぶ訳) 悠書館.
諏訪元 (2006)「化石からみた人類の進化」斉藤成也ほか (編)『シリーズ進化学5 ヒトの進化』岩波書店, pp.13-64.
ソレッキ, R. (1977)『シャニダール洞窟の謎』(香原志勢, 松井倫子訳) 蒼樹書房.
ダイアモンド, J. (2013)『人間の性はなぜ奇妙に進化したのか』(長谷川寿一訳) 草思社.
ダイアモンド, J. (2015)『若い読者のための第三のチンパンジー——人間という動物の進化と未来』(秋山勝訳) 草思社.
ダーウィン, C. (2016)『人間の由来』(長谷川眞理子訳) 講談社.
タッターソル, I. (1998)『化石から知るヒトの進化』(河合信和訳) 三田出版会.
タッターソル, I. (2016)『ヒトの起源を探して——言語能力と認知能力が現代人類を誕生させた』(河合信和訳) 原書房.
田中二郎 (2017)『アフリカ文化探検』京都大学学術出版会.
ダンバー, R. (1998)『ことばの起源——猿の毛づくろい, 人のゴシップ』(松浦俊輔, 服部清美訳) 青土社.
ダンバー, R. (2011)『友達の数は何人?——ダンバー数とつながりの進化心理学』(藤井留美訳) インターシフト.
ダンバー, R. (2016)『人類進化の謎を解き明かす』(鍛原多惠子訳) インターシフト.
寺田和夫 (1985)『人類学』東海大学出版会.
富田守編 (1990)『人類学——ヒトの科学』(改訂増補第5版) 垣内出版.
富田守, 真家和生, 平井直樹 (1999)『生理人類学——自然史からみたヒトの身体のはたらき』(第2版) 朝倉書店.
富田守, 真家和生, 針原伸二 (2012)『学んでみると自然人類学はおもしろい』ベレ出版.
中川毅 (2017)『人類と気候の10万年史——過去に何が起きたのか, これから何が起こるのか』講談社.
長沼毅 (2013)『生命とは何だろう?』集英社インターナショナル.
奈良貴史 (2012)『ヒトはなぜ難産なのか——お産からみる人類進化』岩波書店.
西秋良宏 編 (2013)『ホモ・サピエンスと旧人——旧石器考古学からみた交替劇』六一書房.
西田利貞編 (2001)『ホミニゼーション』京都大学学術出版会.
西田利貞 (2007)『人間性はどこから来たか——サル学からのアプローチ』京都大学学術出版会.
西田利貞 (2008)『チンパンジーの社会』東方出版.
西田利貞 (2008)『新・動物の「食」に学ぶ』京都大学学術出版会.
西田正規 (2007)『人類史のなかの定住革命』講談社.
バーグ, J. (2010)『カラー人体図鑑——ビジュアル・アナトミー』(金澤寛明訳) 西村書店.
埴原和郎 (2000)『人類の進化——試練と淘汰の道のり』講談社
馬場悠男監修 (1997)『人類の起源』イミダス特別編集, 集英社.
馬場悠男 (2000)『ホモ・サピエンスはどこから来たか——ヒトの進化と日本人のルーツが見えてきた』河出書房新社.
馬場悠男編 (2005)『人間性の進化——700万年の軌跡をたどる』日経サイエンス.
濱田穣 (2007)『なぜヒトの脳だけが大きくなったのか——人類最大の謎に挑む』講談社.
ハラリ, Y. (2016)『サピエンス全史——文明の構造と人類の幸福』(柴田裕之訳) 河出書房新社.
ハリス, E. (2016)『ゲノム革命——ヒト起源の真実』(水谷淳訳) 早川書房.

ハンフリー L., ストリンガー, C. (2018)『サピエンス物語』(国立科学博物館 篠田謙一，藤田祐樹監修，山本大樹訳) エクスナレッジ．
ビガン，D. (2017)『人類の祖先はヨーロッパで進化した』(馬場悠男監訳) 河出書房新社．
日高敏隆編 (2007)『人はなぜ花を愛でるのか』八坂書房．
フィンレイソン，C. (2013)『そして最後にヒトが残った――ネアンデルタール人と私たちの50万年史』(上原直子訳) 白揚社．
ブリュネ，M. (2012)『人類の原点を求めて――アベルからトゥーマイへ』(山田美明訳) 原書房．
ブレイドウッド，J. (1969)『先史時代の人類』(泉靖一ほか訳) 新潮社．
ペーボ，S. (2015)『ネアンデルタール人は私たちと交配した』(野中香方子訳) 文藝春秋．
ベルウッド，P. (2008)『農耕起源の人類史』(長田俊樹，佐藤洋一郎監訳) 京都大学学術出版会．
ボイド，R., シルク，J. (2011)『ヒトはどのように進化してきたか』(松本晶子，小田亮監訳) ミネルヴァ書房．
宝来聡 (1997)『DNA 人類進化学』岩波書店．
ボルド，F. (1971)『旧石器時代』(芹沢長介，林健作訳) 平凡社．
真家和生 (2007)『自然人類学入門――ヒトらしさの原点』技報堂出版．
松沢哲郎 (1991)『チンパンジー・マインド――心と認識の世界』岩波書店．
松沢哲郎 (2002)『進化の隣人――ヒトとチンパンジー』岩波書店．
松沢哲郎 (2011)『想像するちから――チンパンジーが教えてくれた人間の心』岩波書店．
溝口優司 (2011)『アフリカで誕生した人類が日本人になるまで』ソフトバンククリエイティブ．
三井誠 (2005)『人類進化の 700 万年――書き換えられる「ヒトの起源」』講談社．
モーウッド，M., オオステルチィ，P. (2008)『ホモ・フロレシエンシス――1 万 2000 年前に消えた人類 (上／下)』(馬場悠男監訳) 日本放送出版協会．
安成哲三 (2018)『地球気候学――システムとしての気候の変動・変化・進化』東京大学出版会．
山極寿一 (2007)『ヒトはどのようにしてつくられたか』岩波書店．
山極寿一 (2008)『人類進化論――霊長類学からの展開』裳華房．
山極寿一 (2012)『家族進化論』東京大学出版会．
山極寿一 (2013)「移動の心理を霊長類に探る」印東道子 (編)『人類の移動誌』臨川書店，pp. 38-47.
山極寿一 (2015)『ゴリラ』(第 2 版) 東京大学出版会．
山極寿一，尾本恵市 (2017)『日本の人類学』筑摩書房．
葭田光三 (2003)『自然と文化の人類学』八千代出版．
吉田禎吾，寺田和夫 (1980)『人類学入門』東京大学出版会．
ライク，D. (2018)『交雑する人類――古代 DNA が解き明かす新サピエンス史』(日向やよい訳) NHK 出版．
ラザフォード，A. (2017)『ゲノムが語る人類全史』(垂水雄二訳) 文藝春秋．
リーバーマン，D. (2015)『人体 600 万年史――科学が明かす進化・健康・疾病』(塩原通緒訳) 早川書房．
ルーウィン，R. (1993)『人類の起源と進化』(保志宏，楢崎修一郎訳) てらぺいあ．
ルーウィン，R. (1999)『現生人類の起源』(渡辺毅訳) 東京化学同人．

ルーウィン，R.（2002）『ここまでわかった人類の起源と進化』（保志宏訳）てらぺいあ．
レヴィン，R.（1988）『ヒトの進化──新しい考え』（三浦賢一訳）岩波書店．
ロイド，C.（2012）『137億年の物語──宇宙が始まってから今日までの全歴史』（野中香方子訳）文藝春秋．
ロバーツ，A.（2012）『人類の進化──大図鑑』（馬場悠男監訳）河出書房新社．
ロバーツ，A.（2013）『人類20万年遙かなる旅路』（野中香方子訳）文藝春秋．
ワイマー，J.（1989）『世界旧石器時代概説』（河合信和訳）雄山閣出版．
渡辺直経編（1997）『人類学用語事典』雄山閣．
渡辺仁（1985）『ヒトはなぜ立ちあがったか──生態学的仮説と展望』東京大学出版会．

索　引

ア　行

アウストラロピテクス（属）　57, 81, 85
アシュール型石器　98, 103
アシュール文化（アシュレアン）　159
アダビス　31
アナメンシス　86
アファレンシス　88
アフリカ大陸　19
アフリカヌス　90
アボリジニ　138
アランブール　93
アルディ　54, 77
アルディピテクス属　72
アワ　151
アンデス文明　154
育児負担　68
1次消費者　68
遺伝子　8
　　──プール　120
稲作　147
イネ　147, 151
インド　137
ウォーカー　86, 103
ウォーレス線　108, 138
ウッド　101
腕わたり　40
右脳　180
ヴュルム氷期　142
運動野　180
運搬説　63
エチオピクス　82, 93
エネルギー効率　61
　　──説　63
オウラノピテクス　48
オオムギ　149
オーストラリア大陸　138

オセアニア　137
オゾン層　15
おとがい　106, 111
オモ　93
オモミス　31
オランウータン　36
オーリナシアン　166
オルドヴァイ型石器　98
オルドヴァイ峡谷　82, 94, 158
オルドヴァイ文化（オルドワン）　158
オルドビス紀　10
オロリン　54, 75
温室効果ガス　23
温暖時代　13

カ　行

回帰直線　178
介助　187
海馬　181
核DNA　126
カダバ　76
家畜飼育　151
家畜動物　152
カットマーク　92, 158
ガルヒ　82, 92
眼窩上隆起　105, 111
環境収容力　66
頑丈型猿人　80, 83, 95
間氷期　20
カンブリア紀　9, 14
寒冷化　128
寒冷適応　111
華奢型猿人　80, 81
キャッサバ　155
旧人　110
旧世界ザル　32
旧石器時代　156

201

暁新世　18
狭鼻猿類　32
恐竜　11
曲鼻猿類　32
グラヴェット文化（グラヴェッティアン）
　　166
クラクトン文化　159
クローヴィス尖頭器　142
クロマニョン　121
クロムドライ　95
クワキウトル族　144
月経周期　44
ケニアントロプス・プラティオプス　89
ゲノム　130
原核生物　9
言語能力　46
言語野　180
原猿類　32
犬歯小臼歯複合体　55
現生人類　133
顕生代　13
原生代　13
後期旧石器時代　165
光合成　13
後頭顆　54
後頭葉　174, 180
広鼻猿類　32
子殺し　42
古生代　10, 13, 14
古代ゲノム研究　127
古代文明　150
骨器　170
骨盤　50, 185
ゴナ　100
コムギ　149
子守行動　67
ゴリラ　37
コロブス　35
根菜農耕　152
コンソ　103
ゴンドワナ大陸　17

サ　行

最終氷期　144
細石器　170
――文化　163
細胞膜　8
サツマイモ　155
左脳　180
サバンナ　3, 25, 64
サフル大陸　137
サヘラントロプス　55, 71, 73
酸素分圧　13
山頂洞人　140
産道　185
サンブルピテクス　48
CO_2濃度　15
シヴァピテクス　47
シェソワンジャ遺跡　106, 162
ジェベル・イルード遺跡　127
視覚　27
視覚野　180
色覚　27
軸索　182
指掌紋　28
始新世　18
指数関数　178
　　――的に増加　66
次世代シーケンサー　125
シナプス　173, 182
屍肉あさり　61
ジャガイモ　154
シャニダール洞窟　112
ジャルモ遺跡　171
ジャワ原人　105, 107
ジャワ島　107
周口店　107
腫骨　54
樹上生活　27
樹状突起　182
樹上ベッド　70
出アフリカ　136
出産　184
出生力　66
授乳期間　67
ジュラブ砂漠　71
狩猟仮説　61
少産少死　70
小脳　181
ショクタス小石器　159

食物分配　42
食物連鎖　68
女性仮説　61
ジョハンソン　88
シルル紀　10
シロアリ釣り　44
真猿類　32
進化　8
真核生物　9
神経細胞　182
人口増加率　66
ジンジャントロプス　94
新人　121
新生代　13, 18
新世界ザル　34
新石器革命　146
新石器時代　156
髄鞘　182
水田稲作　151
スクレイパー　158
ステルクフォンテイン　90
ストライド歩行　52
スノーボールアース　13
スワルトクランス　95, 106
スンギール遺跡　170
スンダ大陸　137
生態学的地位　68
生命　8
石刃　165
　──技法　165
石炭紀　17
脊椎動物　12
石器　156
　──利用　60
セディバ　82
前期旧石器時代　156
前頭葉　174, 180
ソアン文化　159
増殖　8
側頭葉　174, 180
ソリュートレ文化（ソリュートレアン）　166

タ 行

大後頭孔　50, 54, 74
胎児　185

第四紀　20
代謝　8
大脳　27, 180
　──基底核　181
　──縦裂　180
　──半球　180
　──皮質　174, 180
　──辺縁系　181
大陸氷床　13
ダーウィン　60
多細胞生物　9
多産多死　68
打製石器　60, 100, 156
ダート　90
タロイモ　152
単雄単雌　38
単雄複雌　38
単細胞生物　9
男性仮説　61
ダンバー　184
チグリス・ユーフラテス川　135
チャイルド　146
チャド　71
中期旧石器時代　162
中産中死　70
中生代　13
チューニョ　155
聴覚野　180
長江流域　147
鳥類　12
直鼻猿類　32
直立二足歩行　50, 185
チョッパー　158
チョッピングトゥール　158
チョローラピテクス　48
チンパンジー　37
土踏まず　54
DNAの解析　117
定住革命　144
定住生活　144
ディスプレイ説　63
適応　9
　──放散　12
テチス海　17, 19
テナガザル　36

デニソワ人　124, 130
デボン紀　10
デュボア　105
テリトリー　39
天井画　169
頭蓋腔　175
頭蓋骨　179
道具使用　42, 44, 60
洞窟芸術　169
頭頂葉　174, 180
トゥーマイ　74
トウモロコシ　154
トゥルカナ湖　82, 97
トゥルカナ・ボーイ　103
突然変異　8
トバイアス　90, 101
ドマニシ　104
トリアス紀　10
ドリオピテクス　48
　　——・パターン　35
トリニール　105

ナ　行

ナカリピテクス　48
ナチョラピテクス　48
ナックル歩行　35, 37
南極大陸　19
南極氷床　19
ニシゴリラ　37
２次消費者　68
日射緩和説　63
乳幼児死亡率　66
ニューギニア　138, 153
ニューロン　182
ヌートカ族　144
ネアンデルタール　111, 114, 130
　　——の食事　115
　　——の絶滅　119
　　——の知性　117
　　——村　111
脳回　180
脳拡大　173
脳幹　181
脳溝　180
農耕の開始　144

農耕の起源　146
脳容積　178
脳梁　180

ハ　行

白亜紀　10, 11, 17
ハダール　88, 89
爬虫類　11, 12, 27
発情徴候　44
バナナ　152
パラントロプス属　81-83
バールエルガザリ　82, 89, 93
パンゲア大陸　17
ハンドアックス　103, 159
ヒガシゴリラ　37
膝関節　54
ビタミンD　131
ヒト上科　32
ヒトリザル　38
ビーナス　168
火の使用　106
ヒヒ　28
ヒマラヤ　19
氷河期　59
氷河時代　13
氷期　20
肥沃な三日月地帯　135, 171
平爪　28
ビーリャ　38
複雄単雌　38
複雄複雌　38
プラントオパール　147, 151
ブリュネ　73
プルガトリウス　31
ブルーム　90, 95
ブレイン　95
プレシアダピス類　31
ブレイド石器　171
プレートテクトニクス　15
プロコンスル　47
フローレス島　108
文化的行動　43
分娩　184
分類階級　13
ベイダ遺跡　171

壁画　169
北京原人　105, 107
ベーリング海峡　142
ペルシャ湾　137
ペルム紀　10
ベーレンジア　142
扁桃核　181
ボアズ　144
ボイセイ　82, 94
母系集団　39
拇指対向性　4, 27, 51, 56
ボトルネック効果　114
哺乳類　12, 27
ホーニング　73
ボノボ　38
ホミノイド　32
ホモ・アンテセソール　108
ホモ・エルガスター　103
ホモ・エレクトス　103, 107
ホモ・サピエンス　1, 121, 130
ホモ・ジョルジクス　105
ホモ・ナレディ　102
ホモ・ネアンデルタレンシス　110, 114
ホモ・ハイデルベルゲンシス　110, 112
ホモ・ハビリス　82, 97, 100
ホモ・フロレシエンシス　108
ホモ・ヘルミアイ　113
ホモ・モーリタニクス　108
ホモ・ルドルフェンシス　97, 100, 101
ホモ・ローデシエンシス　113
掘棒　61, 65
ホワイト　72, 82, 87, 92

マ　行

マウンテンゴリラ　37
磨製石器　156
マーモセット　28
マリタ遺跡　168
マントル対流　15
マンモス　142
ミエリン鞘　182
ミトコンドリア　9

── DNA　125, 133
ミドルアワッシュ　92
ミランコビッチ　21
　── ・サイクル　21
ムギ農耕　148
ムスティエ文化　162
無脊椎動物　12
群れ　40
メガネザル類　32
メソポタミア　135, 146
メラネシア人　138
モンゴロイド　141
モンスーン気候　19

ヤ　行

ヤムイモ　152
ヤンガードリアス期　26, 149
ユーラシア大陸　19
葉緑体　9

ラ・ワ行

ライジング・スター洞窟　102
ラエトリ　85, 88, 89
ラマピテクス　48
ラミダス　54, 55, 77
ラルテ　121
リアンブア洞窟　108
リーキー，ミーヴ　86
リーキー，メアリー　88
リーキー，リチャード　97
リーキー，ルイス　100
立体視　27
両生類　11
ルヴァロア技法　162
ルーシー　89
霊長類　27
レヴァント　6, 35
ロビンソン　91, 95
ロブストス　95
ローラシア大陸　17
ローレンタイド氷床　26
Y染色体DNA　133

著者略歴

河辺俊雄（かわべ・としお）

1950 年　生まれる．
1984 年　東京大学大学院医学系研究科博士課程修了．
現　在　高崎経済大学名誉教授．保健学博士
主　著　『人類生態学』（ジョルジュ・オリヴィエ著，翻訳，1977年，白水社）
　　　　『講座生態人類学5：ニューギニア』（分担，2002年，京都大学学術出版会）
　　　　『熱帯林の人類生態学』（2010年，東京大学出版会）
　　　　『人類生態学　第2版』（共著，2012年，東京大学出版会）
　　　　The Gidra: Bow-hunting and Sago Life in The Tropical Forest（2014, Kyoto University Press）

人類進化概論
地球環境の変化とエコ人類学

2019 年 3 月 27 日　初　版

［検印廃止］

著　者　河辺俊雄

発行所　一般財団法人　東京大学出版会
代表者　吉見俊哉
153-0041 東京都目黒区駒場4-5-29
http://www.utp.or.jp/
電話 03-6407-1069　Fax 03-6407-1991
振替 00160-6-59964

組　版　有限会社プログレス
印刷所　株式会社ヒライ
製本所　牧製本印刷株式会社

©2019 Toshio Kawabe
ISBN 978-4-13-052303-5　Printed in Japan

JCOPY〈出版者著作権管理機構　委託出版物〉
本書の無断複製は著作権法上での例外を除き禁じられています．複製される場合は，そのつど事前に，出版者著作権管理機構（電話 03-5244-5088, FAX 03-5244-5089, e-mail: info@jcopy.or.jp）の許諾を得てください．

人類生態学　第2版

大塚柳太郎・河辺俊雄・高坂宏一・渡辺知保・阿部卓
A5 判・240 頁・2100 円

医学・地理学・社会学・人口学などさまざまな分野と関連し，環境問題や人口問題，健康問題などの理解に基本的な知見を提供する人類生態学．その入門書として定評のあるテキストの待望の改訂版．2002 年の初版刊行以降 10 年間に起きた変化を取り込み，最新の内容にアップデートする．

熱帯林の人類生態学　ギデラの暮らし・伝統文化・自然環境

河辺俊雄　A5 判・228 頁・6400 円

パプアニューギニアの熱帯低湿地帯で，狩猟・採集・耕作を行い，伝統社会に生きる「森の民」ギデラ．その一村ルアルで四半世紀にわたりフィールドワークをしてきた著者が，人間と環境という視点から，彼らの生業活動，宗教・世界観までを鮮明に描く．

ここに表示された価格は本体価格です．ご購入の際には消費税が加算されますのでご了承ください．